DK 061.6:539.167.3

FORSCHUNGSBERICHTE

DES WIRTSCHAFTS- UND VERKEHRSMINISTERIUMS

NORDRHEIN-WESTFALEN

Herausgegeben von Staatssekretär Prof. Dr. h. c. Dr. E. h. Leo Brandt

Nr. 567

Dr. rer. nat. Kurt Sauerwein

Anwendungen radioaktiver Isotope in der Technik

Als Manuskript gedruckt

WESTDEUTSCHER VERLAG / KÖLN UND OPLADEN

1958

ISBN 978-3-663-03517-6   ISBN 978-3-663-04706-3 (eBook)
DOI 10.1007/978-3-663-04706-3

Forschungsberichte des Wirtschafts- und Verkehrsministeriums Nordrhein-Westfalen

Gliederung

Einleitung . . . . S. 5

Überblick über die wichtigsten Anwendungsarten radioaktiver Isotope . . . . S. 6

I. Leitisotopenmethode . . . . S. 8
   1. Förderleitungsmodell . . . . S. 9
   2. Strömungsuntersuchungen . . . . S. 11
   3. Verteilung und Verweilzeit des Rohgemisches in Glaswannen . . . . S. 17
   4. Salze im Wasserdampf . . . . S. 18
   5. Isotopeneinsatz bei der Chemiefasererzeugung . . . . . . S. 20
   6. Radioisotope zur Kontrolle und Eichung herkömmlicher Verfahren . . . . S. 25
   7. Adsorption von Stoffen an glatten Oberflächen . . . . . S. 28
   8. Bestimmung von Teilchengeschwindigkeiten bei der pneumatischen Kohlenförderung . . . . S. 29
   9. Zementation von Thallium . . . . S. 31
   10. Untersuchung der Ledergerbung . . . . S. 32

II. Strahlenschwächung . . . . S. 51
   1. Gammographie . . . . S. 51
   2. Fernbedienungsanlage für den Isotopentransport . . . . S. 55
   3. Bau von Isotopenräumen . . . . S. 56
      a) Anlagen für die Gammographie mit starken Strahlern . S. 56
      b) Isotopenlaboratorium für das Arbeiten mit offenen Präparaten . . . . S. 61
   4. Prüfung von Baumaterialien . . . . S. 62
   5. Füllstandsmessung . . . . S. 64
   6. Dickenmessung . . . . S. 65
   7. Bestimmung des Rußgehaltes in Gasen und Messung der Bodendichte . . . . S. 67
   8. Streustrahlenmessung an Röntgengeräten . . . . S. 68
   9. Körperschäden durch Verwendung thoriumhaltiger Röntgenkontrastmittel . . . . S. 68
   10. ß-Strahlen für die Hauttherapie . . . . S. 70

Forschungsberichte des Wirtschafts- und Verkehrsministeriums Nordrhein-Westfalen

```
III. Weitere Isotopen-Anwendungsarten . . . . . . . . . . . . . S. 70
     1. Strahlenwirkung . . . . . . . . . . . . . . . . . . . . S. 70
     2. Nutzung der Strahlenenergie . . . . . . . . . . . . . . S. 72

Schluß . . . . . . . . . . . . . . . . . . . . . . . . . . . . . S. 73
```

Forschungsberichte des Wirtschafts- und Verkehrsministeriums Nordrhein-Westfalen

Einleitung

Die Möglichkeit, radioaktive Isotope zur Lösung der verschiedensten Aufgaben heranziehen zu können, findet nach anfänglicher Zurückhaltung jetzt in weiten Kreisen der Technik größtes Interesse. Seit ein bis zwei Jahren ist auch in Deutschland ein starkes Ansteigen der verschiedenen dadurch gegebenen Anwendungen festzustellen. Die Vorteile, die die radioaktiven Stoffe insbesondere in der Technik gebracht haben, beruhen einerseits auf der Einfachheit und andererseits auf der Empfindlichkeit, mit der die zu erzielenden Aussagen erreicht werden können. Durch die außerordentlich subtilen Meß- und Anzeigemöglichkeiten, die die Strahlung radioaktiver Isotope bietet, ist eine erhebliche Verfeinerung der bisherigen Forschungsmethoden sowie eine äußerst schnelle und elegante Registrierung der zu prüfenden Vorgänge möglich geworden. Dadurch wurden einerseits Zusammenhänge klar, deren Erforschung mit üblichen Mitteln unerreichbar waren und andererseits zeigen sich neue Produktionswege an, die qualitativ und quantitativ ganz wesentliche Fortschritte bedeuten.

Dank der vorausschauenden Förderung seitens des Forschungsreferates des Ministeriums für Wirtschaft und Verkehr in Nordrhein-Westfalen war es bereits vor sieben Jahren möglich, in Düsseldorf ein selbständiges "Laboratorium für angewandte Radioaktivität" unter meiner Leitung einzurichten, das seit 1952 den Namen "ISOTOPEN-LABORATORIUM DR. SAUERWEIN" führt. Als seither fast einziges Laboratorium auf diesem Gebiet in Deutschland konnte es viele Probleme angewandter Forschung bearbeiten, insbesondere wirtschaftlicher und technischer Richtung. - Erst vor etwa zwei Jahren wurde neben einigen betriebseigenen Isotopenlaboratorien in großen Industriewerken das ebenfalls für einen breiteren Anwendungsbereich geplante Isotopenlaboratorium des Batelle-Institutes in Frankfurt eingerichtet und mit amerikanischen Mitteln großzügig ausgestattet.

Das Ende 1950 gegründete Laboratorium stellte sich gleich zu Anfang die Aufgabe, die durch die radioaktiven Stoffe gegebenen Untersuchungsmöglichkeiten und Meßmethoden zu entwickeln und sie besonders für technische und industrielle Probleme aller Art anzuwenden. Daraus ergab sich die weitere Aufgabe, die für den Umgang mit radioaktiven Stoffen notwendigen Schutzmaßnahmen zu prüfen und auszubauen.

Forschungsberichte des Wirtschafts- und Verkehrsministeriums Nordrhein-Westfalen

Die Geräte und Einrichtungen des Laboratoriums wurden vorwiegend für zwei Zwecke benutzt:

a) Forschungsarbeiten und Prüfungen auf dem Gebiet des industriellen Einsatzes von Isotopen und des Strahlenschutzes bei der medizinischen und technischen Anwendung von Röntgenstrahlung und Radioisotopen.

b) Experimentalkurse und -vorträge für Techniker und Verwaltungsbeamte, vor allem der Wasserwirtschaft, der Gewerbeaufsicht und der Berufsgenossenschaften, teilweise in Verbindung mit dem Haus der Technik in Essen und der Technischen Akademie in Wuppertal.

Trotz der relativ bescheidenen Ausrüstung war es möglich, in den vergangenen Jahren eine ganze Reihe wirtschaftlich wichtiger Untersuchungen durchzuführen. Diese sollen im folgenden beschrieben werden im Rahmen einer allgemeinen Übersicht der verschiedenen Arbeitsmethoden mit radioaktiven Isotopen.

Die in Zusammenarbeit mit den verschiedensten Industriewerken von meinem Laboratorium durchgeführten Versuche können dabei nur zum Teil berücksichtigt werden, da in vielen Fällen Versuchsthemen und Versuchsergebnisse im Interesse des Firmengeheimnisses noch nicht bekannt gegeben werden können.

Überblick über die wichtigsten Anwendungsarten radioaktiver Isotope

Bekanntlich zeichnen sich radioaktive Isotope gegenüber dem normalen inaktiven Isotop eines Stoffes dadurch aus, daß sie unter Aussendung von Strahlen bestimmter Energie innerhalb einer bestimmten Zeit zerfallen. Sowohl die Zerfallszeit als auch die Zerfallsenergie der ausgesandten Strahlung, sind für jedes Radioisotop charakteristisch. Die ausgesandte Strahlung selbst besteht entweder aus kleinen Bruchstücken der festen Materie, stets gleicher Größe und Zusammensetzung, in Form doppelt positiv geladener Helium-Atomkerne (α-Strahlung, sowie aus den kleinsten materiellen Ladungsträgern, den Elektronen (β-Strahlung), oder aus kurzwelliger elektromagnetischer Strahlung (γ-Strahlung)). Letztere tritt in den meisten Fällen nur als Begleiterscheinung eines α- oder eines ß-Zerfalles radioaktiver Isotope auf.

Forschungsberichte des Wirtschafts- und Verkehrsministeriums Nordrhein-Westfalen

Für die praktische Anwendung der Radioisotope sind im wesentlichen folgende vier Eigenschaften dieser Strahlen maßgebend:

1. Sie sind leicht <u>nachweisbar</u> (infolge ihrer Fähigkeit, Materie zu ionisieren).

2. Eine <u>Strahlenschwächung</u> tritt ein beim Durchgang durch Materie.

3. Durch <u>Ionisation</u> der durchstrahlten Materie können sie deren Eigenschaften wesentlich beeinflussen.

4. Die Strahlung entspricht einem bestimmten <u>Energiebetrag</u>.

Demgemäß lassen sich die wichtigsten radioaktiven Untersuchungs- und Arbeitsmethoden in folgende Gruppen zusammenfassen:

A. <u>Die Leitisotopen</u>

Wir können jeden beliebigen Stoff durch Hinzufügen einer winzigen Menge eines radioaktiven Stoffes markieren, da wir dessen Strahlung mit Hilfe empfindlicher Strahlenmeßgeräte, z.B. mit einem Geigerzähler, leicht auffinden können. Auf diese Weise lassen sich räumliche und zeitliche Vorgänge qualitativ und quantitativ verfolgen.

B. <u>Die Strahlenwächung</u>

Hierbei dient die Strahlung nicht primär als Nachweismittel für einen bestimmten Stoff, vielmehr interessiert lediglich das Ausmaß der Strahlenschwächung in verschiedenen Materialien.

C. <u>Die Strahlenwirkung</u>

Die ionisierende Wirkung der Strahlung auf Materie kann zu erheblichen Änderungen der physikalischen, chemischen oder biologischen Eigenschaften der durchstrahlten Stoffe führen. Diese maßgebliche Beeinflussung der Materie bei hinreichend starker Bestrahlung durch Radioisotope ist das Ziel dieser Anwendungsgruppe.

D. <u>Die Energienutzung der Strahlung</u>

Es ist möglich, die Strahlungsenergie in andere, herkömmlichere Energieformen umzuwandeln, wie z.B. in Licht, elektrische Energie und mechanische Energie. Obwohl diese Möglichkeiten bisher nur wenig genutzt werden, darf man ihnen doch eine große Bedeutung für die Zukunft einräumen.

Forschungsberichte des Wirtschafts- und Verkehrsministeriums Nordrhein-Westfalen

Nachstehend wird die praktische Anwendung der verschiedenen Verfahren an Hand von Berichten über zum größten Teil von uns durchgeführte Untersuchungen dargestellt.

I. Leitisotopenmethode

Wie bereits festgestellt, kann die von Radioisotopen ausgesandte Strahlung dazu verwendet werden, einen Stoff zu kennzeichnen. Da sich radioaktive Isotope im übrigen kaum von den inaktiven Isotopen desselben Elements unterscheiden, sofern sie in gleicher chemischer Form vorliegen, kann man durch spurenweise Beimischung radioaktiver Isotope zu nichtaktiven auch deren Aufenthaltsort und Menge durch Messung der lokalen Strahlungsintensität ermitteln.

Ganz allgemein ist es möglich, Lage, Weg und Verteilung eines radioaktiv markierten Stoffes genau zu beobachten und bereits geringste Spuren davon nachzuweisen. So bietet die Leitisotopenmethode, bei der sich zugesetzte Radioisotope gleich einem roten Faden durch den gesamten zu prüfenden Prozeß hindurch verfolgen lassen, eine kaum übersehbare Fülle von Einsatzmöglichkeiten. Unter anderem können folgende Gebiete mittels der Leitisotopenmethode untersucht werden:

a) Ortungsprobleme

b) Zeitmessung

c) Geschwindigkeitsmessung

d) Verteilungs- und Mischungsstudien
   (z.B. auch Filterwirkung, Diffusion und Selbstdiffusion, Austauschfragen, Studium des Reaktionsmechanismus)

e) Stoffübertragung
   (Adsorption, Reibung, Korrosion)

f) Stoffkennzeichnung
   (z.B. zum schnellen Aufsuchen bei Verlust, Schutz vor Nachahmung, Verwechslung, Diebstahl)

g) Chemische Analysen
   (radiometrische Analysen, Aktivierungsanalysen, Verdünnungsanalysen).

Im einfachsten Fall der Markierung von Stoffen mit Radioisotopen interessiert die chemische Beschaffenheit des aktiven Zusatzes nicht.

Es geht lediglich darum, die hohe Empfindlichkeit und leichte Nachweisbarkeit der Strahlungsmarkierung auszunutzen. So z.B. markiert man sogenannte Molche, das sind Schaber zur Reinigung von Ölleitungen, indem man sie vor Gebrauch mit einem energiereichen Strahler bestückt. Diese vom Ölstrom vorwärtsgetriebenen Molche bleiben bei zu großer Verschmutzung der Ölleitungen stecken. Man kann sie dank ihrer Markierung jedoch leicht orten, indem man bei großen Pipelines die oft über 1000 km langen Strecken mit einem mit Geigerzähler ausgerüsteten Flugzeug abfliegt. – Eine Variation dieses Verfahrens stellt die oft angewandte Methode dar, verschiedene Ölsorten (aktiv markiert) hintereinander durch die gleiche Leitung zu fördern und am Ende verlustlos und sauber zu trennen. Dabei wird jede Ölsorte im Strömungskopf vor Eintritt in die Förderleitung radioaktiv geimpft. Vor dem Verteiler am Leitungsende überträgt ein Zählrohr, das dort angebracht ist, die von den neuen Ölsorten ausgesandten Strahlungsimpulse über einen Verstärker auf ein Schaltrelais, welches die Umleitung der neuen Ölsorte besorgt.

1. Förderleitungsmodell

Ein anschauliches Bild dieses Verfahrens vermittelt ein Modell, das wir auf der großen Rationalisierungsausstellung in Düsseldorf im Sommer 1953 und auf der Atomausstellung in Stuttgart im November/Dezember 1955 ausstellten. Die Modelltafel (Abb. 1), auf deren Rückseite Transport- und Schaltvorrichtungen montiert sind, zeigt die Beförderung von Kugeln durch eine Glasleitung. Jeweils die erste aus einer Reihe von Kugeln ist mit einem radioaktiven Überzug versehen, vergleichbar mit dem geimpften Strömungskopf der Ölsorten. Vor einem Verteilerstück am Ende ist ein Zählrohr angebracht, welches beim Passieren der aktiven Kugeln eine optische und akustische Anzeige auslöst und außerdem über eine Relaissteuerung eine Weichenstellung für jede neue Kugelreihe bewirkt.

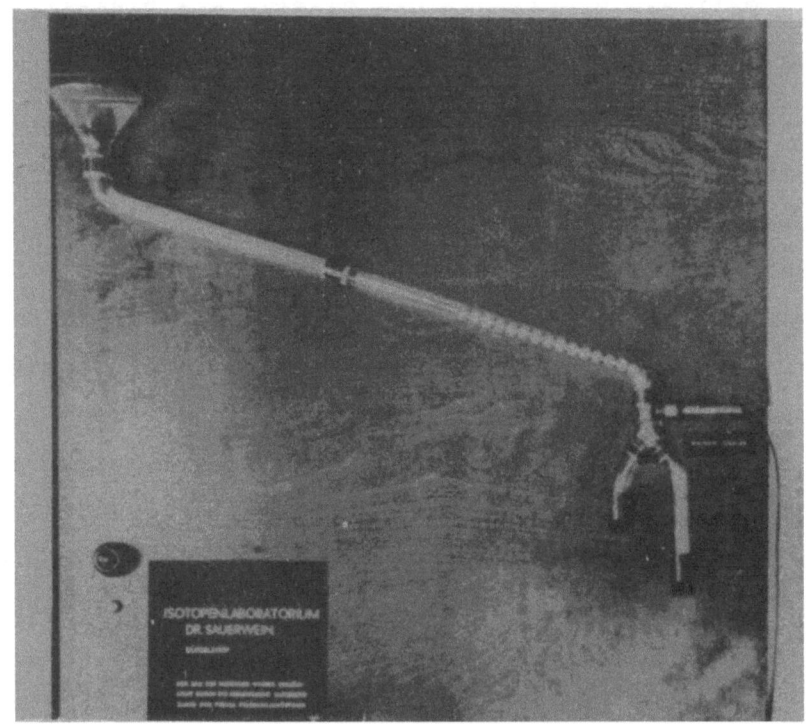

A b b i l d u n g 1
Modelltafel

Modell einer automatischen Flüssigkeitssteuerung in Leitungssystemen. Flüssigkeiten aus verschiedenen Quellen sollen hintereinander durch eine lange Rohrleitung geschickt, danach wieder exakt getrennt und ihren verschiedenen Behältern zugeführt werden. Der Kopf jeder Flüssigkeitsgruppe wird durch Einspritzen weniger Tropfen eines radioaktiven Leitisotops markiert, so daß ihr Eintreffen am Ende der Rohrleitung von einem Geigerrohr augenblicklich festgestellt und die automatische Einschaltung eines anderen Abflußweges ausgelöst werden kann.

Beim Passieren der Leitisotope am Geigerzähler werden die ausgesandten Betastrahlen in einem Lautsprecher hörbar gemacht; das Strahlenmeßgerät zeigt die jeweilige Strahlenmenge an, die vom Schreiber zugleich mit dem Zeitpunkt des Strahlendurchgangs registriert wird

Blaue Kugeln: nicht-aktive Modellflüssigkeit   (Jede Kugel enthält
Rote Kugeln: radio-aktive Modellflüssigkeit   0,000 000 08 Gramm des
                                                Leitisotops)

(Anwendungsbeispiel aus der amerikanischen Erdölindustrie)

Die gleichmäßige <u>Durchmischung</u> mehrerer Stoffe läßt sich genau überprüfen durch Zugabe kleinster Mengen eines radioaktiven Stoffes. Eine Messung von Proben, die an verschiedenen Stellen nach dem Mischvorgang entnommen werden, muß bei einwandfreier Durchmischung für alle Proben eine gleich hohe Aktivität aufweisen. So kann man etwa das einwandfreie Arbeiten großer Betonmischmaschinen kontrollieren, die Durchmischung von Sand und Binder für Gießformen exakt überprüfen, sowie die gleichmäßige Verteilung verschiedener Getreidearten in Futtermitteln.

Die <u>Abnutzung</u> feuerfester Wände in Hoch- und Schmelzöfen läßt sich durch den Einbau von beispielsweise drahtförmigen, radioaktivem Material an verschiedenen Kontrollpunkten ständig verfolgen. Regelmäßige Messungen zeigen eine Abnahme der Aktivität, die dem Verschleiß der Wände direkt proportional ist. Somit sichert man die rechtzeitige Erkennbarkeit kritischer Stellen.

2. Strömungsuntersuchungen

Die Strömungsverteilung von Flußläufen, ihre Ergiebigkeit, der Einfluß von Wasserzuläufen, das Abtragen der Blußbette u.ä. sind für die Wasserwirtschaft von großer Bedeutung. Für alle diese Fragen ist eine genaue Kenntnis der Fließgeschwindigkeit und der Strömungsverhältnisse in den einzelnen Flußabschnitten notwendig. Die bisherigen Prüfmethoden sind nur unter bestimmten Voraussetzungen anwendbar: so wird z.B. die Flügelradmessung bei Niedrigwasserstand nicht mehr brauchbar; die Schwimmermethode erfaßt lediglich die Oberflächenströmung, und zum Teil wegen des Windeinflusses mit merklichen Fehlern; starke Salzzusätze zwecks nachfolgender Messung der elektrischen Leitfähigkeit des Wassers ergeben große Ungenauigkeiten wegen des ständig erheblich schwankenden normalen Salzgehaltes der Flüsse; außerdem kann die durch große Salzzugaben erfolgende Dichteänderung des Flußwassers auch eine Änderung der Fließgeschwindigkeiten gegenüber normalen Verhältnissen bewirken. Wasserfärbungsversuche vermitteln meist nur ein qualitatives Strömungsbild und versagen in vielen Fällen schnell infolge zu starker Verdünnung oder Farbstoffadsorption. Durch Zugabe von Radioisotopen können dagegen Strömungsverlauf und Geschwindigkeit von Flüssen äußerst genau und störungsfrei bestimmt werden, da infolge ihrer hohen Nachweisempfindlichkeit bereits kleinste Zugabemengen genügen. Es werden weder die physikalischen, noch die chemischen oder biologischen Gegebenheiten hierdurch geändert.

Forschungsberichte des Wirtschafts- und Verkehrsministeriums Nordrhein-Westfalen

Die Gefahr einer längeren radioaktiven Gewässerverseuchung kann man sowohl durch geeignete Auswahl kurzlebiger Isotope ausschließen, deren Halbwertszeit der vorgesehenen Versuchsdauer angepaßt wird, als auch durch Einbau der Radioisotope in biologisch inaktive chemische Verbindungen. Im Auftrag und in Zusammenarbeit mit dem Referat Wasserwirtschaft des damaligen Wirtschaftsministeriums des Landes Nordrhein-Westfalen wurde eine Strömungsuntersuchung der Volme bei Hagen durchgeführt, um die Ergiebigkeit des Flusses sowie seine Strömungsverhältnisse unter definierten Bedingungen am Pegel Ambrock zu ermitteln. Hierzu wurde radioaktiviertes Ammoniumbromid, in Wasser gelöst, als Markierungssubstanz verwendet. - Das darin aktive Isotop Brom 82 wird hergestellt durch Bestrahlung des natürlichen Isotops Brom 81 mit Neutronen; es zerfällt mit einer Halbwertszeit von 36 Stunden in stabiles Selen 82 und Krypton 82 unter Aussendung von β- und γ-Strahlen; letztere mit Energien bis zu 1,5 Millionen Elektronvolt. - 36 - 38 m vor dem Pegel wurden von einer Brücke aus jeweils einige Tropfen der aktiven Lösung eingegeben und am Pegel mit Hilfe von 1 m langen Zählrohren die Ankunftszeit des Radioisotops und damit die Fließgeschwindigkeit der Volme ermittelt, wobei die Fließzeit mit der Stoppuhr gemessen wurde. Die Zählrohre wurden in verschiedenen Anordnungen über den Flußquerschnitt verteilt. Das zugehörige Flußprofil ist in Abbildung 2 wiedergegeben. Die wichtigsten Versuchsergebnisse zeigt die Tabelle 1.

Tabelle 1

Vers.	Pegelstand (cm)	Tiefe des Zählrohrs (v.d.Oberfläche) (cm)	Entfernung v. r. Ufer (m)	Fließzeit (sec)	Meßstrecke (m)	Mittlere Geschwind. (m/sec.)
1	73	0,4	0,4	388	36	0,093
2	75,5	0	1,4	185	36,5	0,20
3	77	0	2,4	177	37,5	0,20
4	78	0	3,4	133	37	0,29
5	81	0	3,9	125	36	0,30
5 A	73,5	17	3,9	200	38	0,19
5 B	74	47	3,9	220	38	0,17
5 C	77	17	3,9	180	38	0,21
6	72	0	6,4	208	37,5	0,18

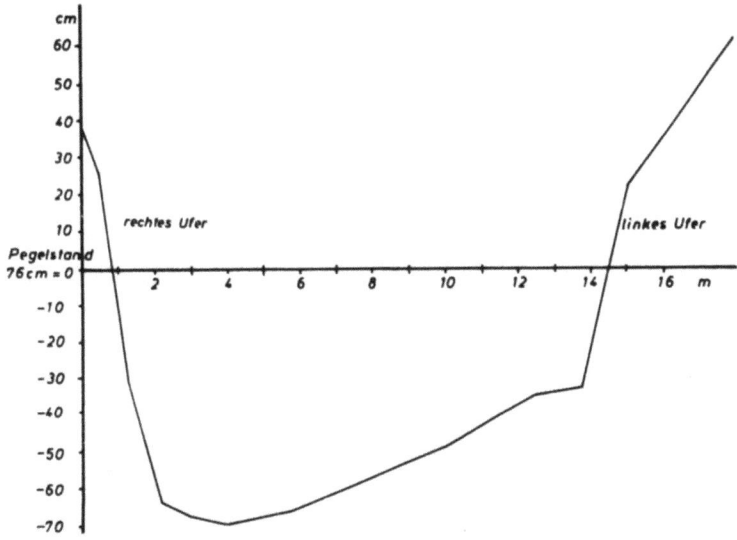

Abbildung 2
Bodenprofil am Pegel Ambrock

Weitere Versuche in Zusammenarbeit mit dem Ministerium für Ernährung, Landwirtschaft und Forsten wurden durchgeführt, um die Strömung der Ems im Bezirk Rheine genauer zu ermitteln. Bei diesen Versuchen interessierte neben der Strömungsgeschwindigkeit vor allem die für die Wasserreinigung wichtige Frage, wie sich das einem Fluß zugeführte Abwasser in ihm verteilt. Frühere physikalische und chemische Untersuchungen im Rhein scheinen darauf hinzudeuten, daß sich Abwasser im wesentlichen auf der Uferseite, auf der es zugeführt wird, abwärts bewegt und nicht, wie man annehmen sollte, mit der Strömung in Flußbiegungen von einem Prallufer zum nächsten hin- und herpendelt. Zur prinzipiellen Klärung dieser Frage wurde die Untersuchung an der Ems als erste Voruntersuchung durchgeführt. - Als Markierungssubstanz diente wiederum Ammoniumbromid mit radioaktivem Br 82. Abbildung 3 zeigt den Flußabschnitt mit der Lage der Meßstellen. Die Zugabe der aktiven Substanz erfolgte abwechselnd vom linken oder rechten Ufer aus. Die Zählapparatur war auf einem besonderen Meßfloß untergebracht, um die Strömungen während der Messungen nicht durch Schiffsbewegungen zu stören. Das Meßfloß konnte mittels einer quer über den Fluß gespannten Peilleine an jeder Meßstelle in verschiedenen Uferentfernungen festgemacht werden. Insgesamt wurden 16 Einzelversuche an drei verschiedenen Meßstellen (I, II, III) durchgeführt. Die Zählrohrpositionen innerhalb der

Forschungsberichte des Wirtschafts- und Verkehrsministeriums Nordrhein-Westfalen

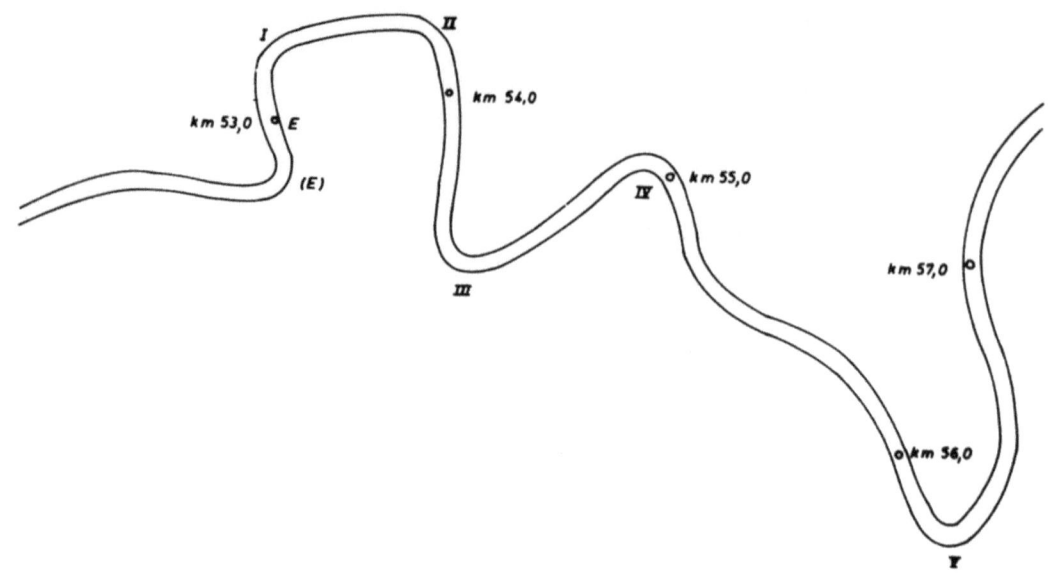

Abbildung 3

Flußlauf der Ems im Meßabschnitt

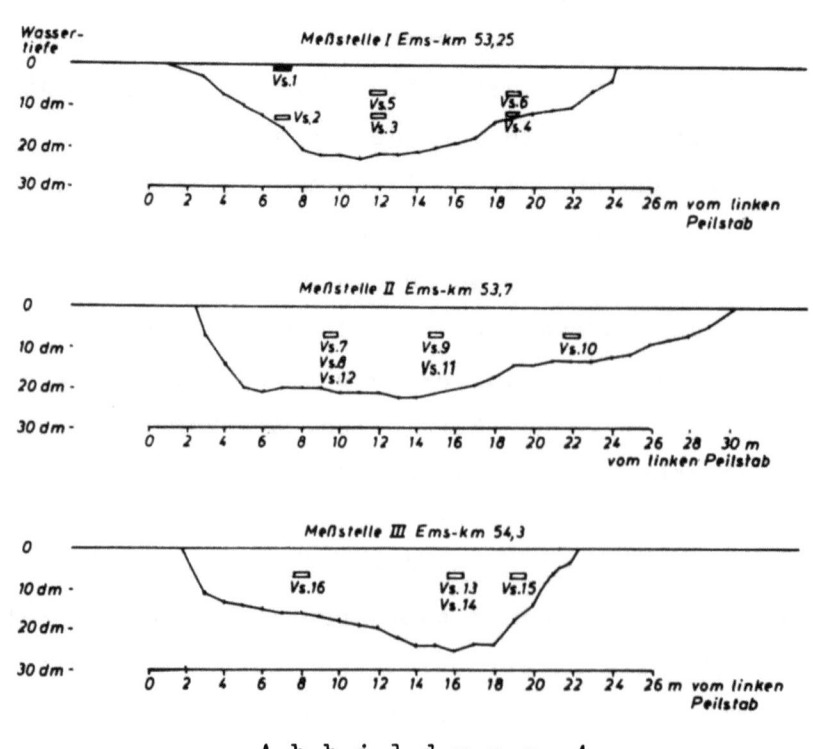

Abbildung 4

Zählrohrpositionen an der Meßstellen

zugehörigen Flußprofile zeigt die vorstehende Abbildung 4. Bei jedem Versuch wurde ein ungefähr gleich großer Teil radioaktiver Lösung in die Ems von den verschiedenen Zugabestellen aus eingebracht. In der Abbildung 5 sind die gemessenen zeitlichen Aktivitätsverläufe an Meßstelle I in verschiedenen Uferabständen wiedergegeben. Man kann aus den Kurven erkennen, daß in der Strömungsmitte das aktive Wasser zuerst ankommt, und dorthin auch der größte Teil des markierten Wassers gelangt. Die aktive Wassermasse ist im ganzen I. Meßquerschnitt auf einen kurzen Flußabschnitt beschränkt - im Gegensatz zur Meßstelle III[1], wo sie sich in Längs- und Querrichtung des Flusses räumlich weit verteilt. Das Gesamtergebnis kann dahingehend zusammengefaßt werden, daß in dem untersuchten Flußlauf die markierte Strömung von der Eingabestelle an zunächst von Prallufer zu Prallufer läuft. Hierbei bleibt die radioaktive Eingabemenge zuerst eng zusammen, bis sie sich nach mehrmaligem Anprallen schließlich über den gesamten Flußquerschnitt

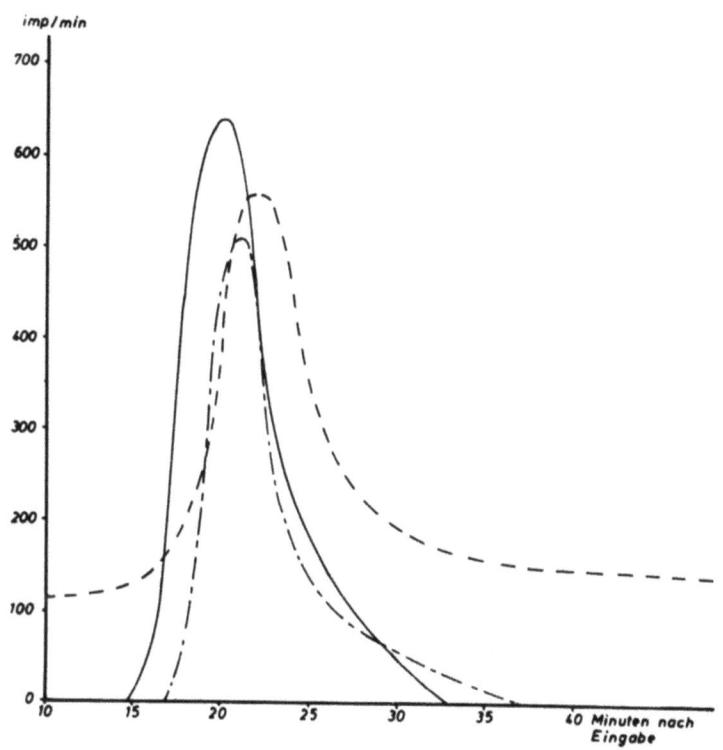

A b b i l d u n g 5

Zeitliche Aktivitätsverläufe an Meßstelle I

—— · —— Versuch 2 (Prallufer)

———— Versuch 3 (Strömungsmitte)

— — — Versuch 4 (Gleitufer)

1, vergleiche Abbildung 6

verteilt. Die an der Ems erhaltenen Versuchsergebnisse beweisen eindeutig die Unabhängigkeit des Strömungsverlaufs vom Uferwechsel der Eingabestelle. -

Besonders interessant ist das in Abbildung 5 mit dargestellte Ergebnis des Versuches Nr. 4. Wie man daraus ersieht, ist bei diesem Versuch sowohl vor als auch nach Eintreffen der radioaktiven Flußströmung bereits eine deutlich merkbare Radioaktivität des Wassers zu verzeichnen. Der Grund liegt darin, daß beim Versuch Nr. 4 das eine Ende des 1 m langen Zählrohrs auf dem Flußboden aufliegt, während das andere Ende mehrere Zentimeter höher sich in der Flußströmung befindet (s. Abb. 4). Daher mißt das aufliegende Zählrohrende die Aktivität der am Boden des Flusses hinkriechenden Wälzströmung. Sie stellt offenbar die Summe der Restaktivitäten der bei den drei vorhergehenden Versuchen abgesunkenen, aktiv gewordenen Schwebstoffteilchen dar, der sich nach Durchgang der aktiven Strömungswelle des vierten Versuches deren Restaktivität zugesellt. Man ersieht dies deutlich an der Erhöhung der Untergrundsaktivität vor und nach dem Versuch im Verhältnis 3:4. Das in die Flußströmung hineinragende Zählrohrende dagegen mißt den üblichen

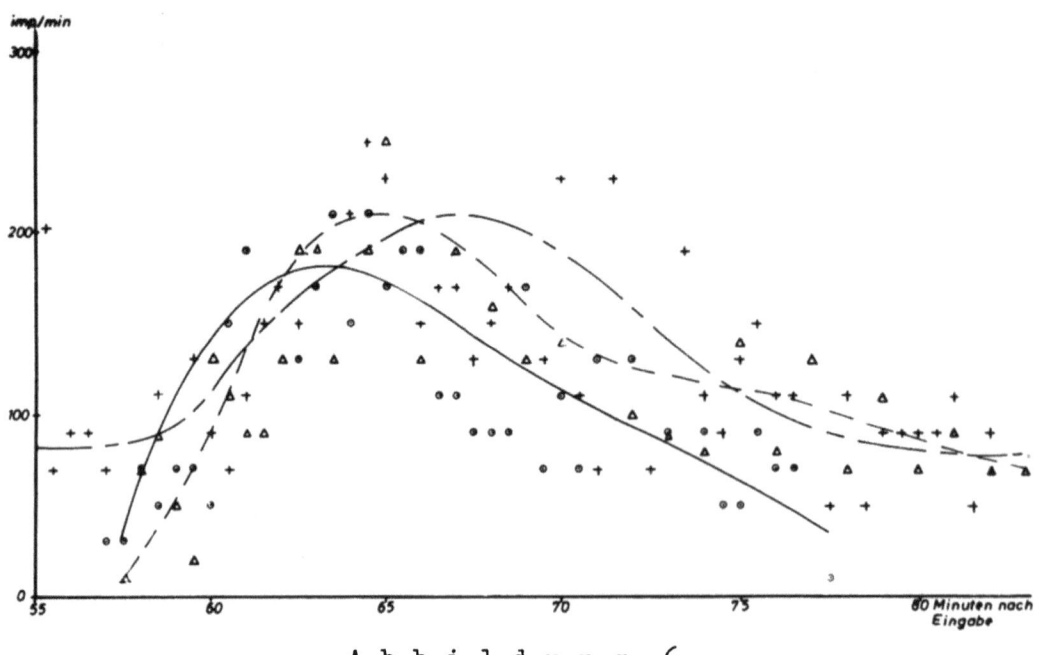

Abbildung 6

Zeitliche Aktivitätsverläufe an Meßstelle III

o————o   Versuch 14 (Strömungsmitte)
+— - —+   Versuch 15 (Prallufer)
△— — —△   Versuch 16 (Gleitufer)

Durchgang der aktiven Hauptströmung im laminaren Strömungsfluß. Damit dürfte ein Weg gezeigt sein, um die von den Wasserfachleuten theoretisch erwartete, aber unseres Wissens bisher noch nicht exakt nachgewiesene Wälzströmung am Flußboden zu untersuchen[2].

3. Verteilung und Verweilzeit des Rohgemisches in Glaswannen

Bei einem Versuch in einer Glashütte sollte durch Zugabe von radioaktiven Isotopen die Zeit vom Einbringen des Rohmaterials bis zur fertigen Flasche ermittelt werden.

Als Markierungsmittel wurden, um das verschiedene chemische Verhalten einzelner Elemente zu berücksichtigen, sowohl Natrium-24 als auch Calzium-45 verwendet. Die harte Gammastrahlung des Natrium-24 erlaubte eine Strahlungsmessung durch Aufhängen von Gammazählrohren über den Flaschen beim Austritt aus den Kühlöfen. Dadurch konnte die Durchgangsgeschwindigkeit des aktiv markierten Rohmaterials durch die einzelnen Wannen bis zur fertigen Flasche während der Produktion einwandfrei ermittelt werden. Im Kurvenblatt (Abb. 7) ist der an den Flaschen gemessene Intensitätsverlauf über der Zeit für verschiedene Arbeitswannen aufgezeichnet. - Die weiche Betastrahlung des Ca-45 laufend während der Produktion zu messen, war wesentlich schwieriger. Im Gegensatz zu den Versuchen mit Na-24 konnte wegen der geringen Reichweite der ß-Strahlen nicht eine große Anzahl von Flaschen gleichzeitig erfaßt werden, sondern lediglich die Aktivität einer einzelnen Flasche. Die Aktivierungsmenge von Ca-45 war so niedrig gehalten, daß die gemessene Aktivität am Zählrohr etwa die Hälfte des durch Höhenstrahlung bedingten Nulleffektes betrug. Neben einer kontinuierlichen Messung, die hauptsächlich dazu diente, eine etwaige ungleichmäßige Verteilung in der Wanne durch starkes Pulsieren der Meßwerte bzw. durch einen plötzlichen hohen Anstieg an einzelnen Flaschen anzuzeigen, wurden außerdem in kurzen zeitlichen Abständen Flaschen aus den einzelnen Kühlöfen entnommen und über längere Zeit gemessen. Die Meßergebnisse erbrachten einmal die Verteilung des Rohmaterials in der Glasschmelze; zum anderen war es möglich, durch Integration der gemessenen Flaschenaktivitäten über die gesamte Prüfdauer die genaue Menge von aktiviertem Glas zu ermitteln. Dieser errechnete Wert stimmte sehr gut mit

---

2. vgl. K.SAUERWEIN, Deutsche Gewässerkundliche Mitteilungen 2 (1958), Sonderheft "Gewässerkundliche Tagung Berlin", S.23.

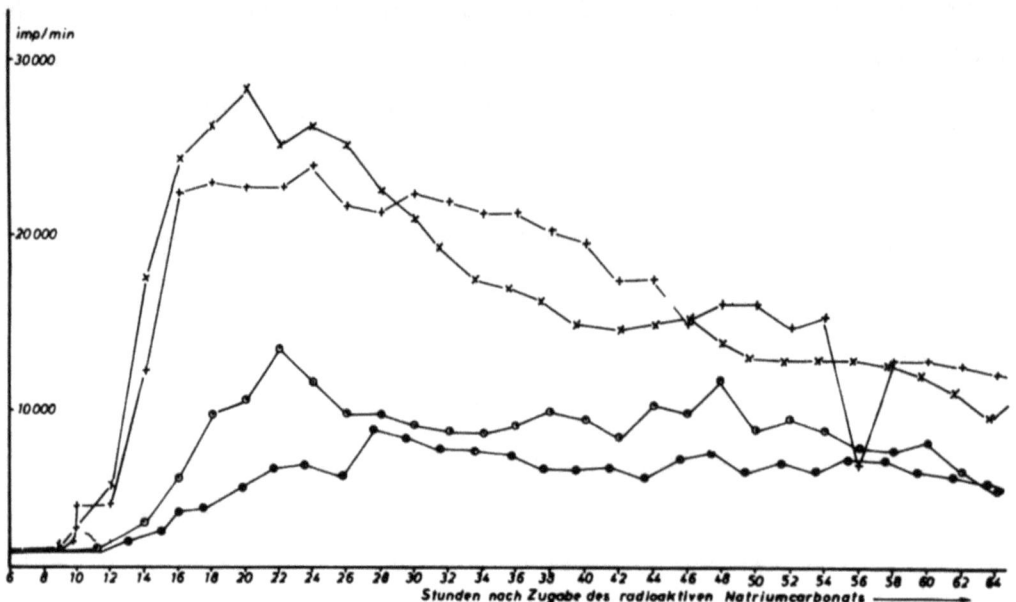

Abbildung 7

Zeitliche Aktivitätsverteilung hinter den Kühlofen

x   Kühlofen 25   ⊙ Kühlofen 27 große Flaschen
+   Kühlofen 26   ● Kühlofen 27 kleine Flaschen

der durch die Betriebskontrolle angegebenen Produktionsmenge überein, so daß der Beweis erbracht wurde, daß extreme Spitzenwerte, d.h. eine stark ungleichmäßige Verteilung von Calzium in Glas nicht vorlag. Die große Empfindlichkeit dieser Meßmethode läßt sich durch folgende Angabe erläutern: Für eine Glasmenge von ca. 200 t wurden im Durchschnitt Aktivitätseinheiten von etwa 0,5 g Verbindungsgewicht (z.B. Na_2CO_3) verwendet.

4. Salze im Wasserdampf

Ein wichtiger Punkt für den Betrieb von Dampfkesseln ist die Forderung einer möglichst großen Reinheit des Speisewassers von Salzen. Besonders interessant ist dabei der Übergang von Salzstaub aus Kesselwasser in den Wasserdampf, der zu Salzablagerungen an den Turbinenschaufeln führt und damit einen gefährlichen Störfaktor für die gesamte Energieerzeugung darstellt. Diese oft gestellte Frage sollte in Zusammenarbeit mit der Energieabteilung der Farbenfabriken Bayer vor allem in Hinblick darauf untersucht werden, wo die Grenzen für den Salzgehalt im Dampf sind, die sich durch konstruktive Maßnahmen und besondere Vorrichtungen nicht

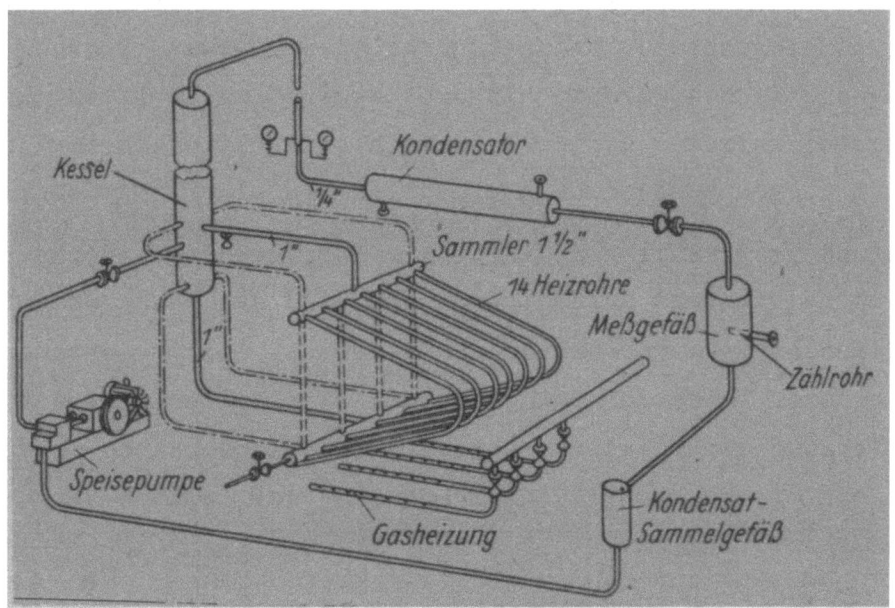

Abbildung 8
Schema der Versuchsanlage

mehr unterschreiten lassen. Die Versuche wurden an einem kleinen Kesselmodell durchgeführt, dessen Aufbau durch die Abbildung 8 schematisch wiedergegeben wird. Das zweifach destillierte Wasser enthielt noch Spuren von Salzen und Kieselsäure, deren Mitreißen in das Kondensat untersucht werden sollte. Für die Untersuchung des Kondensates waren ursprünglich 2 Methoden vorgesehen, nämlich einmal die Leitfähigkeitsmessung, zum anderen das Konzentrieren des Kondensates bis zu einem Ausmaß, welches eine analytische Salzgehaltbestimmung zuläßt. Beide Methoden sind für die Bestimmung der absoluten Salzmenge im Kondensat unzureichend. Die Leitfähigkeitsmessung kann durch Spuren gelösten Leitungsmaterials zu hohe Meßwerte liefern; die Eindampfung von Kondensat, das sogenannte Einengen, führt leicht zu niedrigeren als den tatsächlichen Werten, da auch bei vorsichtigstem Eindampfen Salz mit in den Dampf übergehen kann. Daher wurde zur genauen Salzbestimmung die Leitisotopenmethode zugezogen, und zwar wurde dem Kesselwasser das aktive Kation Na 24 in Kochsalz bzw. das aktive Anion J 131 als Natriumjodid zugegeben, von welchem man ein sehr ähnliches Verhalten wie bei Kochsalz voraussetzt. Beide aktiven Stoffe sind γ-Strahler. Ihre Ausgangskonzentration im Kesselwasser wurde so bemessen, daß noch der 10^5te bis 10^6te Teil davon im Kondensat nachgewiesen werden konnte. Im Extremfall der untersten Konzentration von 10 - 20 mg NaCl je Ltr. Kesselwasser lag die Nachweisgrenze im Kondensat unter 0,01 µg pro Ltr. = 10^{-8} gr pro Ltr. Im Fall des stärksten Salzgehaltes, bei halbnormaler Speisewasserlösung von NaCl, betrug die Nachweisgrenze hingegen etwa 20 µg je Liter. Durch stärkere Zugabe von radioaktivem Natriumchlorid hätte die Empfindlichkeit auch bei diesem Versuch noch erheblich gesteigert werden können.

Eine genaue und ausführliche Beschreibung der Versuche und ihrer Ergebnisse, welche ein sehr aufschlußreiches Bild des Wasserumlaufs bei unterschiedlicher Siederrohranordnung lieferten, ist im Jahrbuch für Wasserchemie unter Wasserreinigungstechnik[3] enthalten. Die Abbildung 9, die den Verlauf der relativen Aktivität des Kondensates im Meßgefäß zeigt, gibt ein typisches Bild der Ergebnisse der letzten Versuchsreihe wieder.

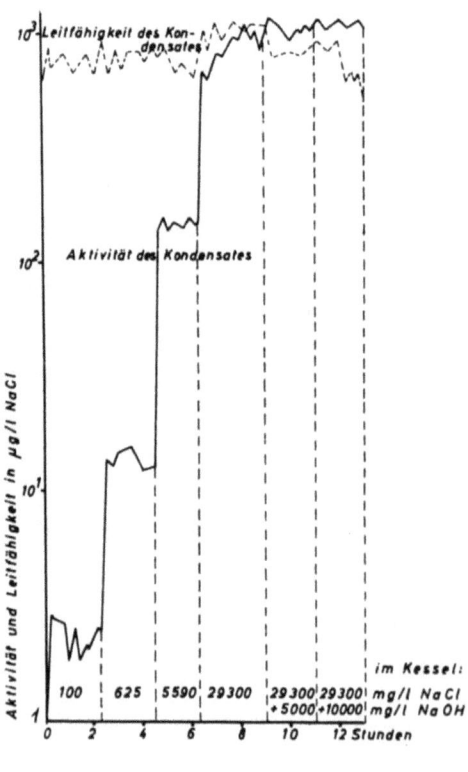

Abbildung 9

Verlauf der relativen Aktivität des Kondensates im Meßgefäß

5. Isotopeneinsatz bei der Chemiefasererzeugung

Als Beispiel für den Isotopeneinsatz bei der Chemiefasererzeugung werden im folgenden Versuche geschildert, die im Auftrage der Chemie-

---

3. "Vom Wasser" XIX (1952), Beiträge K. SAUERWEIN, S. 355-363 und H. TIETZ, S. 364-386

faserwerks Dormagen der Farbenfabriken Bayer durchgeführt wurden[4]. Es wurden die Vorgänge bei der Bildung des Spinnfadens untersucht mit dem Ziel, in die Entstehung der Chemiefasern tieferen Einblick zu gewinnen[5][6]. Im vorliegenden Fall handelte es sich um Chemiekupferseide, deren Herstellungsapparatur in der Skizze (Abb. 10) gezeigt ist.

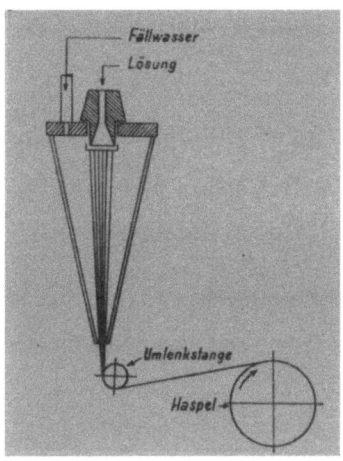

A b b i l d u n g 10
Spinnapparatur zur Herstellung von Chemiekupferseide
(Prinzipskizze schematisch)
Oben: Spinnrichter mit Spinnbrause

Insbesondere sollte die im Spinntrichter erfolgende Abgabe des Kupfers vom Spinnfaden an das Spinnwasser bei verschiedenen Spinnbedingungen als Funktion des Abstandes von der Spinnbrause gemessen werden. Diese Frage konnte wegen des besonders im Oberteil des Spinntrichters minimalen Kupferaustrittes aus dem Spinnfaden mit chemisch-analytischen Methoden nicht einwandfrei gelöst werden und schien daher für eine Untersuchung bei Verwendung einer mit radioaktivem Kupfer markierten Spinnlösung besonders geeignet.

Die Spinnvorgänge im Trichter sind eine sehr empfindliche Funktion der folgenden Größen: Viskosität der Spinnlösung, Düsenform, Trichterform, Spinnwassertemperatur und -geschwindigkeit, Pump- und Abzugsgeschwindigkeit und damit dem Fadentiter.

---

4. Wiedergabe nach K. SAUERWEIN, "Die Atomwirtschaft" 1 (1956), 409
5. K. SAUERWEIN, "Angewandte Chemie" 66 (1954), 107
6. W. MESKAT, "Physikal. Verhandlungen" 6 (1955), FA2

Forschungsberichte des Wirtschafts- und Verkehrsministeriums Nordrhein-Westfalen

Wie sind nun die chemischen Vorgänge im Trichter mit dem Ergebnis der Fadenbildung verknüpft? Wie stark ist der Kupfer- bzw. Ammoniakaustritt vom Faden ins Spinnwasser in bestimmter Trichterhöhe? Die Beantwortung dieser Fragen entscheidet über die verschiedenen theoretischen Vorstellungen von der Fadenbildung im Trichter.

Für die Lösung der Aufgabe waren ursprünglich folgende drei Versuchsgruppen vorgesehen:

a) Feststellung der im Spinnfaden und im Spinnwasser zusammen befindlichen Kupfermenge durch Messung der Kupferaktivität mittels eines am Spinntrichter befindlichen Zählrohres.

b) Feststellung der im Spinnwasser allein befindlichen Kupfermenge durch laufende Entnahme des Spinnwassers und Messung seiner Aktivität je Volumeneinheit.

c) Messung der Spinnfadenstärke durch fotografische Aufnahme.

Alle drei Messungen müssen in verschiedenen, genau definierten Trichterhöhen erfolgen. Die Zusammenstellung der einzelnen Meßwerte ergibt dann den genauen Verlauf des Kupferaustrittes über die gesamte Trichterhöhe.

Die eingehende Berechnung der zu erwartenden Versuchsverhältnisse bedingte neben der Auswahl von Spezialzählrohren eine Reihe von vorausgehenden Eichungs- und meßtechnischen Versuchen, um die für die Hauptversuche günstigste Meßanordnung einschließlich der notwendigen Strahlenschutzmaßnahmen festzulegen.

Hierfür konnte das für die Versuche vorgesehene radioaktive Kupfer zunächst nicht verwendet werden, da das als einziges in Frage kommende aktive Kupferisotop Cu-64 nur eine Halbwertszeit von 12,9 Stunden besitzt und somit für eine längere Versuchsdauer nicht geeignet ist. Deshalb wurde für die Vorversuche das in den Strahlungsverhältnissen ähnliche und zugleich chemisch homologe Goldisotop Au-198, dessen Halbwertszeit 65 Stunden beträgt, verwendet. Mittels zweier Vorversuche mit Au-198 gelang es, die für den Kupferversuch zu erwartenden Schwierigkeiten, insbesondere auch die spinntechnischer Art, herauszufinden und zu beseitigen. So verursachte beispielsweise der aus meßtechnischen Gründen mit Blei ausgekleidete Spinnkopf bereits nach wenigen

Betriebsstunden eine Vergiftung der Spinnlösung. Die Vorversuche zeigten u.a. auch, daß Gold zu einem vierfach geringeren Teil als Kupfer im Spinntrichter aus der Spinnlösung herausdiffundiert.

Außerdem empfahl sich für die Hauptversuche die Verwendung eines möglichst flachen Spinntrichters, um das Zählrohr so nahe wie möglich an die Spinnfäden heranzubringen. Daher wurde ein Flachtrichter aus Plexiglaswänden konstruiert, der neben den besseren Meßmöglichkeiten auch die Fadenfotografie gestattete, mit deren Hilfe sich bei der Auswertung der Meßergebnisse der relative Kupfergehalt je mm Fadenlänge ermitteln ließ.

Zur Entnahme von Spinnwasserproben erhielt der Plexiglastrichter seitlich untereinander neun kleine Zylinderansätze.

Für den Hauptversuch mit radioaktivem Kupfer wurde der Bleispinnkopf innen ganz mit V_2A-Blechen verkleidet und mit einer V_2A-Brause versehen, so daß die gleiche Spinnlösung nun einwandfrei verspinnbar war. Für die Aktivitätsmessung wurden zwei Miniaturzählrohre von 20 bzw. 50 mm Länge verwendet, wovon das kleinere stets unmittelbar unter dem Spinnkopf zur laufenden Kontrolle der austretenden Lösungsmenge fest montiert war, während das andere auf einem horizontal und vertikal beweglichen Schlitten angebracht wurde und somit die Messung in variabler, aber genau definierter Trichterhöhe gestattete. Zur horizontalen Strahlenausblendung besaß das Bleigehäuse des zweiten Zählrohres einen von 0 bis 6 mm Breite veränderlichen Schlitz.

Durch das verschiebbar am Trichter angebrachte Zählrohr wurde die gesamte, in Faden und Spinnwasser befindliche Kupfermenge durch Messung der Kupferaktivität ermittelt. Durch die seitliche Probenentnahme konnte die im Spinnwasser allein befindliche Kupfermenge durch Messung der Aktivität je Volumeneinheit festgestellt werden. Die hierfür entnommenen Spinnwasserproben wurden mit einer Kanüle unmittelbar aus dem den Spinnfaden umgebenden Flüssigkeitssaum abgesogen. Aus der Differenz dieser beiden Messungen ergibt sich die absolute Kupfermenge des Spinnfadens. Durch die zusätzliche Messung der Spinnfadenstärke mittels fotografischer Aufnahme konnte dann der relative Kupfergehalt je mm Fadenlänge bestimmt werden.

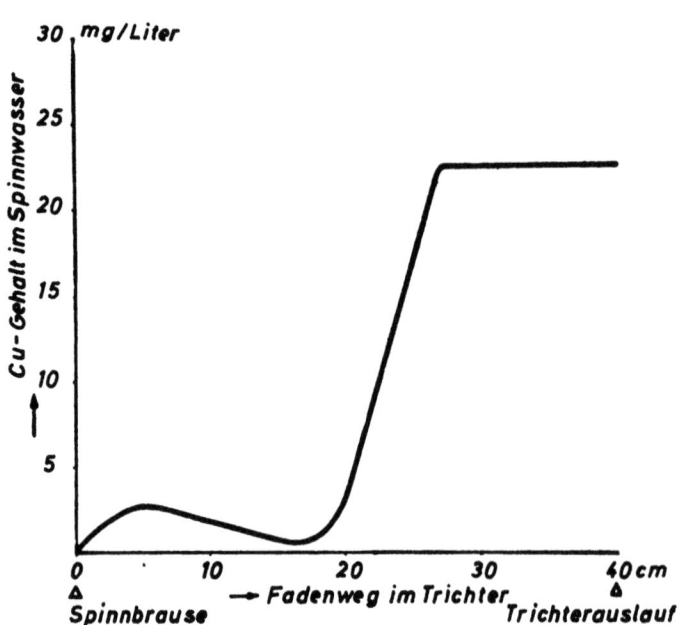

A b b i l d u n g 11
Ergebnis des Versuchs

Verlauf des Kupferaustritts während des Fadenwegs im Trichter

Das Ergebnis eines solchen Versuches ist in der Abbildung 11 wiedergegeben. Wie man sieht, tritt zunächst etwas überschüssiges Kupfer im Oberteil des Trichters aus; die Kupferabgabe wird jedoch einige cm weiter unten deutlich geringer und erreicht ein Minimum. Unterhalb dieser Stelle, dem "optimalen Punkt" des Spinnprozesses, erfolgt ein stürmisch zunehmender Kupferaustritt, der kurz vor dem Ende des Trichters sein Maximum erreicht. Das visuelle Bild ist folgendes: die dunkle Viskosemasse quillt in dicken Fadenpfropfen oben aus der Düse aus, die nach unten dünner und heller werden, bis sie von einem bestimmten Punkt an, dem Ende des sogenannten Blaukonus, nahezu die endgültige Dicke und zugleich völlig Farblosigkeit angenommen haben. Der Trichter unterhalb des Blaukonus stellt ein Gebiet großer, sich ablösender Wirbel dar. In dieser Wirbelzone koagulieren, von der Oberfläche ausgehend, die bis dahin noch weichen Fäden zu durch und durch festen.

Das durch die Messung gewonnene Bild entspricht sehr gut der vorstehenden Darstellung, wonach erst mit dem Beginn der Wirbelzone die Koagulation der Spinnfäden einsetzt. Die gefundenen Meßwerte erwiesen sich als gut reproduzierbar und wurden in Abhängigkeit von der Spinnwassertemperatur und -geschwindigkeit, der Düsengröße und der Abzugsgeschwindigkeit untersucht - und zwar wurde bei allen Versuchen die gleiche charakteristische Kurvenform gefunden (Abb. 11).

Doch verschob sich die Kurve parallel nach links oder rechts je nach Wahl der Spinnbedingungen, mit anderen Worten: der "optimale Punkt" lag bei einem etwas kürzeren oder etwas längerem Fadenweg im Trichter.

Die Bedeutung dieser Versuche beruht darauf, daß hierdurch genauere Vorstellungen über die Bildung von Reyonfäden - bzw. unter Zuhilfenahme allgemeiner theoretischer Betrachtungen - von künstlichen Spinnstoffen überhaupt gewonnen werden können. Außerdem kann der Einfluß der verschiedenen obengenannten technischen Spinnbedingungen wie Trichterform, Spinnwassertemperatur, Fadentiter usf. auf Produktionsgeschwindigkeit und Güte des Fadens unmittelbar am Ort der Fadenbildung untersucht und damit die optimalen Bedingungen für eine wirtschaftliche und qualitativ hochwertige Herstellung von Spinnstoffen in "statu nascendi" des Fadens festgestellt werden.

6. Radioisotope zur Kontrolle und Eichung herkömmlicher Verfahren

Diese Anwendungsmöglichkeit zeigt die folgende gleichfalls in der Textilindustrie durchgeführte Untersuchung.

Die Zugaben von radioaktiven Isotopen bietet vor allem auch eine gute und unbestechliche Kontrollmöglichkeit für bereits vorhandene Untersuchungsmethoden und gestattet durch die große Meßempfindlichkeit eine sehr feine Graduierung für die Eichung. Ein praktisches Beispiel dieser Art stellen die in Zusammenarbeit mit der Forschungsabteilung der Henkel-Werke Düsseldorf durchgeführten Waschversuche mit radioaktivem Eisenoxydpulver dar[7)8)]. Die Problemstellung war die folgende: Um den Verschmutzungsgrad von weißen Stoffen festzustellen, mißt man ihre Helligkeit im Leukometer. Hundert Leukometergrade entsprechen dabei dem sauberen Gewebe. Zur Eichung ordnet man die analytisch bestimmten Schmutzmengen je cm^2 der Stoffoberfläche den gefundenen Leukometerwerten zu, wobei die Skaleneinteilung bezüglich des Schmutzgehaltes nicht linear ist. Bei relativ geringen Anschmutzungen ändern sich die Skalenwerte erheblich, während bei stärkerer Verschmutzung die Anzeige sehr viel unempfindlicher

---

7. Vortragsbericht Dr. E. GÖTTE, Düsseldorf, "Premier Congrès Mondial de la Détergence", Paris 1956, S. 267-271
8. K. SAUERWEIN, "Die Atomwirtschaft" 1 (1956) 407

wird. Es sollte nun mit einer unabhängigen Meßmethode die Genauigkeit der Schmutzbestimmung durch Leukometermessungen geprüft werden.

Für den gewünschten Vergleich wurde Eisenoxydpigment mit 96 % Fe_3O_4-Gehalt verwendet, das durch mehrwöchige Neutronenbestrahlung im Atommeiler aktiviert worden war. Durch Aktivierung entstehen die radioaktiven Eisenisotope Fe-59 und Fe-55, deren erstere im wesentlichen für die Messung benutzt werden. Fe-59 zerfällt unter Aussendung von ß- und γ-Strahlung mit einer Halbwertszeit von 45 Tagen. Zur Durchführung der Versuche wurde eine Garnprobe mit dem radioaktiven Eisenoxydpigment gefärbt. Das damit radioaktiv angefärbte Garn wurde in Einzelproben unterteilt und mehrfach, aber verschieden gut, gewaschen und anschließend mit gleicher Schichtdicke auf je ein Kartonstück aufgewickelt. Zur Vermeidung einer radioaktiven Verseuchung wurden die Proben mit Zellophanfolie umhüllt, so daß sie in einwandfreiem Zustand sowohl am Leukometer als auch unter einem Glockenzählrohr gemessen werden konnten. Die Aktivitätsmessungen wurden nicht nur direkt unter dem Glockenzählrohr vorgenommen, sondern auch nach Vorschalten einer 2 mm dicken Messingplatte, um zwischen ß- und γ-Strahlung der Proben unterscheiden zu können. Während die ß-Strahlung nur aus einer dünnen Oberflächenschicht der Probe ins Zählrohr gelangt und damit den Grad der Oberflächenfärbung angibt, zeigt die innerhalb der Probe kaum absorbierte γ-Strahlung den Gesamtpigmentgehalt an. Dadurch kann eine evtl. ungleichmäßige Durchfärbung der Garnproben, die eine mangelnde Übereinstimmung der relativen ß- und γ-Aktivitätswerte zur Folge haben würde, sofort erkannt werden. Dies war allein bei dem ungewaschenen Garn der Fall: die auf der Garnoberfläche gemessene ß-Aktivität war hier zu klein relativ zur mittleren γ-Aktivität, weil offenbar ein Teil des nur lose anhaftenden Eisenoxydpigments von der Garnoberfläche abgefallen war.

Nach Messung der Probenaktivitäten wurde der Eisengehalt noch analytisch (colorimetrisch) bestimmt. Auf diese Weise war eine weitere Kontrolle der Versuchsergebnisse möglich. Der Vergleich zwischen der colorimetrischen Eisenbestimmung und der Messung der Strahlenaktivitäten ergab, daß die colorimetrischen Werte nur in dem Mittelbereich größter Empfindlichkeit gut mit der Vergleichsmessung übereinstimmen, in den oberen und unteren Meßbereichen jedoch teilweise erheblich davon abweichen (Abb. 12).

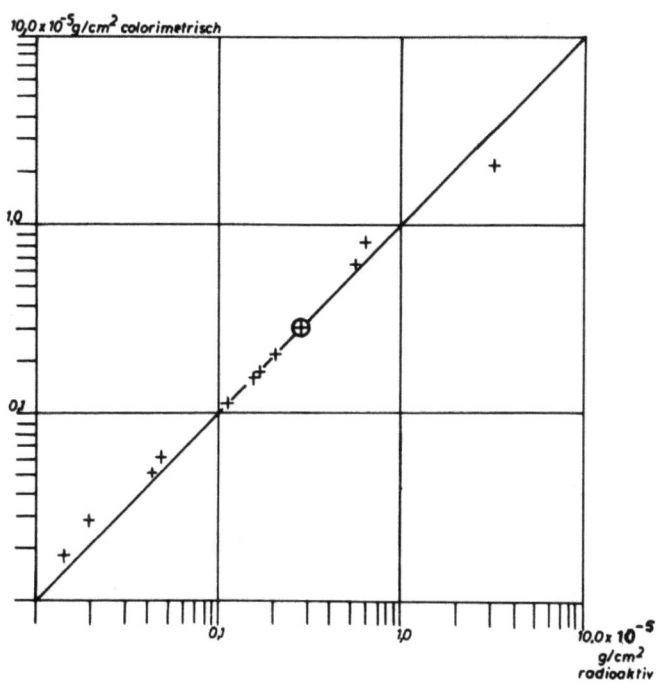

Abbildung 12

Vergleich der Colorimeter-Werte mit dem Fe_3O_4-Gehalt

Colorimetrisch bestimmte Meßwerte: +

Fe_3O_4-Gehalt aus radioaktiver Messung: ausgezogene Gerade. Bezugswert: ⊕

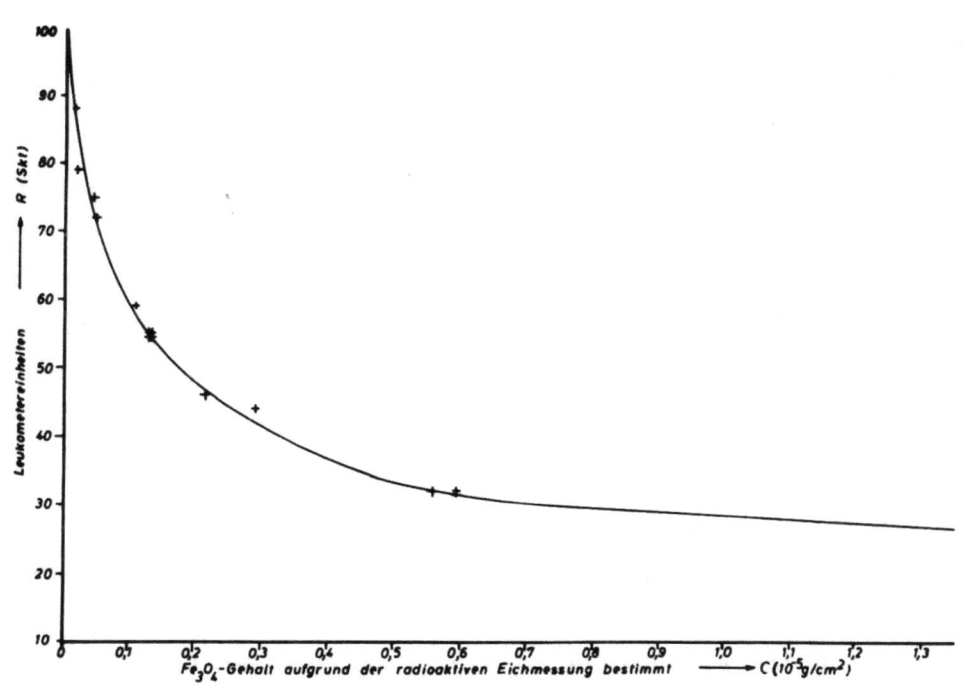

Abbildung 13
Leukometer-Eichkurve

Das Ergebnis der Kontrolle des Leukometer-Meßverfahrens auf Grund der Radioaktivitätsbestimmung zeigte, daß - unter der Voraussetzung exakt reproduzierbarer Leukometermessungen - der Schmutzgehalt sich aus den jeweils ermittelten Reflexionswerten recht genau ablesen läßt. Der Meßfehler dürfte im allgemeinen höchstens 5 %, meist noch weniger betragen, wie die graphische Darstellung (S. 27) zeigt (Abb. 13).

7. Adsorption von Stoffen an glatten Oberflächen

Diese ist bei vielen technischen Prozessen eine erwünschte oder unerwünschte Erscheinung. Durch chemische Zusätze gelingt es in manchen Fällen, die Adsorption auf ein Mindestmaß zu beschränken. Die Größe des verbleibenden Restes bei verschiedenen Versuchsbedingungen läßt direkt auf die Wirksamkeit der Zusätze schließen. Die Restmenge kann so gering sein, daß chemisch analytische Methoden für genaue Aussagen nicht mehr ausreichen oder aber einen zu großen Aufwand bedingen. Auch hier vereinigt die radioaktive Methode große Genauigkeit mit geringem Aufwand an Arbeit und Zeit. Durch eine kurze Beschreibung einer wiederum in Zusammenarbeit mit den HENKEL-Werken Düsseldorf durchgeführten Untersuchung soll die Arbeitsweise für solche Versuche näher erläutert werden.

Die Aufgabe war, festzustellen, wie groß die Adsorption einer oberflächenaktiven wässerigen Lösung bestimmter organisch-chemischer Beschaffenheit an Glasoberflächen ist. Die jeweils fabrikneuen Glasplättchen wurden zur Reinigung in eine etwa 80° heiße Chromschwefelsäure gelegt und anschließend einige Minuten lang in die Versuchslösung, welche mit dem radioaktiven Schwefel-Isotop S 35 markiert wurde, eingebracht. Da die Oberflächen-Adsorption am Glase von der Konzentration der angebotenen Lösung abhängt, sollte diese Abhängigkeit untersucht werden. Zur Feststellung der Konzentrationsabhängigkeit der Adsorption wurde ausgehend von einer Lösung mit 10 gr des oberflächenaktiven Zusatzes in 1 l Wasser die Konzentration jeweils um das zwei- bzw. zweieinhalbfache herabgesetzt auf: 5 g/l, 2 g/l, 1 g/l, 0,5 g/l, 0,2 g/l und 0,1 g/l. Die Versuche wurden bei diesen Konzentrationen mehrfach wiederholt und dabei teilweise die Versuchsbedingungen in verschiedener Weise abgeändert. Durch die verschiedenen Behandlungsweisen der Glasplatten sollten sowohl die an den Grenzflächen Wasser/Glas adsorbierten Moleküle als auch die an den Grenzflächen Wasser/Luft festgehaltenen Moleküle sich bei der Trocknung auf der Glasplatte befinden, während die zwischen den beiden Grenzflächen befindlichen Moleküle mit dem abgetropften Wasser bis auf einen geringen Restfilm abgelaufen sein sollten. Die Messungen ergaben, daß zwischen 1 und 20 x 10^{-10} Mol/cm^2, das entspricht in den meisten Fällen weniger als einer Molekülschicht, als Restfilm auf dem Glase verblieben.

8. Bestimmung von Teilchengeschwindigkeiten bei der pneumatischen Kohlenförderung

Im Auftrage der Steinkohlen-Elektrizitäts-Aktiengesellschaft (STEAG), Essen, wurden die folgenden Versuche durchgeführt[9]:

Die STEAG, Essen, hatte sich die Aufgaben gestellt, die senkrechte pneumatische Förderung von grubenfeuchter Feinkohle über große Höhen zu untersuchen. Das Verfahren wurde in einer Großversuchsanlage, die in einen seit 20 Jahren außer Betrieb befindlichen Schacht eingebaut war, durch systematische Abwandlung der Versuchsbedingungen erprobt.

Unter den Fragestellungen des Versuchsprogramms, die im wesentlichen der Ermittlung des Leistungsbedarfs sowie des Einflusses verschiedener Kohlenarten und Körnungen auf die Förderleistung dienten, war auch ein Punkt, dessen Klärung ein typisches <u>Isotopenproblem</u> darstellte und mit anderen Mitteln undurchführbar erschien.

Die in der Anlage pneumatisch zu fördernde Kohle bestand aus den verschiedensten Korngrößen, vom feinsten Kohlenstaub bis zu Kohleteilchen von etwa 10 mm Durchmesser. In diesem Gemisch sollte bei einer Förderleistung von vielen Tonnen pro Stunde die Geschwindigkeit einzelner Kohlestückchen von bestimmter Größe gemessen werden. Offensichtlich ist nur die Messung im Gesamtstrom sinnvoll, da eine Beförderung einzelner Teilchen allein ganz andere Verhältnisse ergäbe, die keinerlei Rückschlüsse ermöglichen. Ferner kam es darauf an, nicht nur einen Geschwindigkeitsmittelwert durch Messung der Gesamtflugzeit von der Aufgabestelle 300 m untertage bis zu den übertage gelegenen Vorratsbunkern zu bestimmen, sondern wenn möglich den gesamten Geschwindigkeitsverlauf zu erfassen. Dazu war es nötig, die Geschwindigkeit einzelner Kohlestückchen in verschiedenen Höhen über der Sohle zu messen.

---

9. K. SAUERWEIN, R. HOSSNER und W. ROTTER, "Die Atomwirtschaft" 1, (1956), 76

Während bei staubförmiger Kohle eine Steigegeschwindigkeit, die etwa der Luftgeschwindigkeit entspricht, angenommen werden kann, waren die Verhältnisse bei Feinkohle mit Korngrößen von 10 - 20 mm unbekannt und sollten durch radioaktive Kennzeichnung von einzeln bearbeiteten und präparierten Kohleteilchen, die gemessen und gewogen worden waren, ergründet werden. Zur Markierung der Kohleproben wurde der γ-Strahler Brom-82 in seiner chemischen Verbindung NH_4Br verwendet. In einem Abstand von 2 m wurden an der senkrechten Förderleitung in verschiedenen Leitungshöhen 2 Zählrohre angebracht. Die in der Förderleitung vorbeifliegenden "strahlenden" Kohleteilchen lösten in den beiden Zählrohren hintereinander je einen Impuls aus und schalteten damit über ein Relais ein Zeitmeßgerät erst ein und dann wieder aus (Abb. 14). Aus dem Zählrohrabstand und der jeweiligen Meßzeit, die auf etwa 2 Millisekunden genau bestimmt wurde, ergaben sich die momentanen Geschwindigkeiten der Kohleteilchen. Diese wurden sowohl in Abhängigkeit von der Korngröße als auch in Abhängigkeit von der Höhe über der Sohle genau ermittelt und ergaben ein genaues Bild des untersuchten Vorganges (Abb. 15).

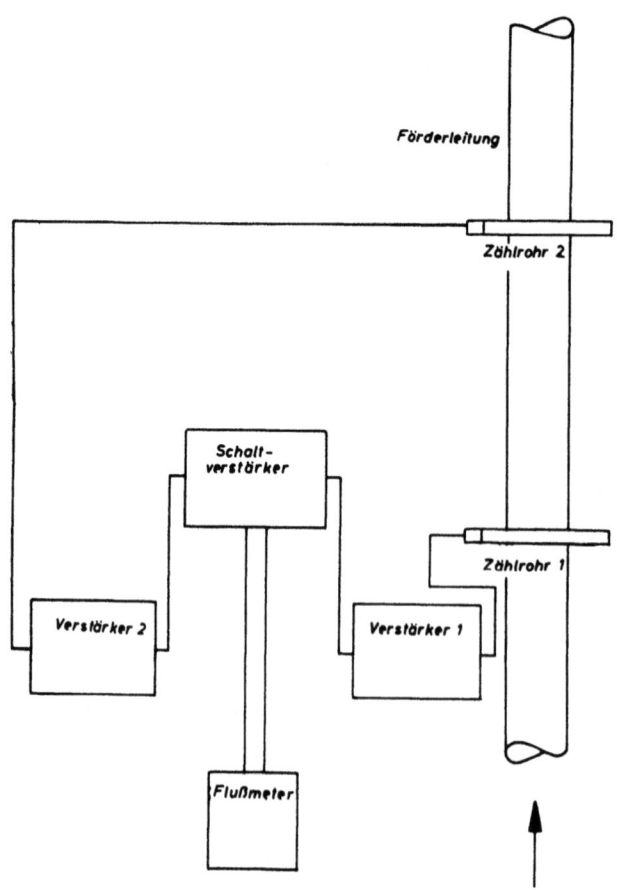

A b b i l d u n g 14
Schema der Geräteanordnung

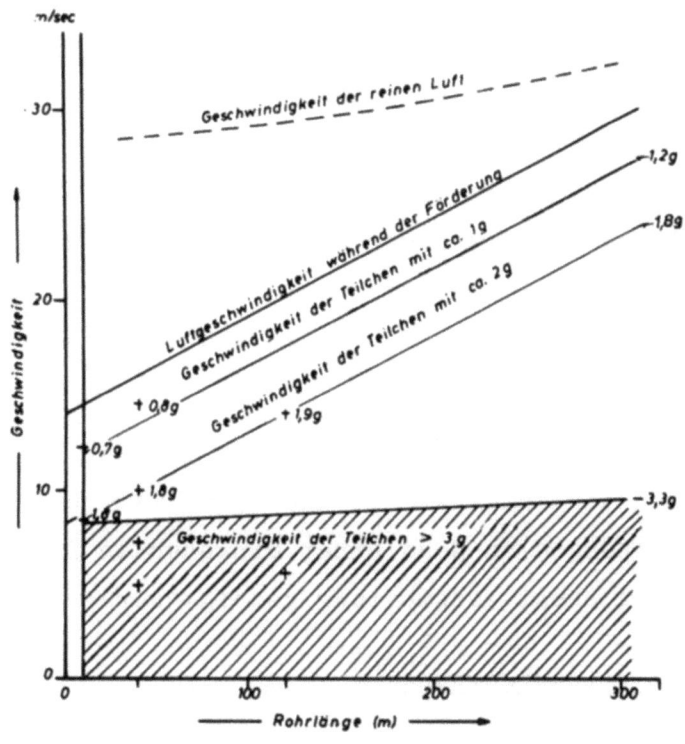

Abbildung 15
Kohlegeschwindigkeiten in der Förderleitung
Parameter: Gewicht der Kohlekörner

9. Zementation von Thallium

In Zusammenarbeit mit der Duisburger Kupferhütte wurde der Reaktionsablauf bei der Fällung von Thallium aus technischen Zinklaugen unter Zusatz von radioaktivem Thallium 204 untersucht. Die Fällung (Zementation) von geringen Thalliummengen (ca. 20 - 25 mg/l) wird durch die Anwesenheit bzw. Mitfällung verschiedener Metalle, wie z.B. Arsen, Kupfer, Kobalt usw. gestört. Dadurch geht das zunächst ausgefällte Thalliummetall aus dem Fällprodukt mehr oder weniger schnell wieder in Lösung. Durch exakte Schnellbestimmungen des Thalliums mit Hilfe des radioaktiven Zusatzes konnte der Verlauf der Thalliumfällung bei bekannten Anteilen an schädlichen Substanzen sowie in "gift"-freien Lösungen beobachtet werden. Es zeigte sich, daß schon wenige mg Arsen oder Kupfer im Liter der zu zementierenden Lösung eine außerordentlich schnelle und vollständige Wiederauflösung des zunächst gefällten Thalliums bewirkt. Arsen-, kupfer- und kobaltfreie Lösungen lieferten gegen Wiederauflösung vollständig stabile Zementate.

Forschungsberichte des Wirtschafts- und Verkehrsministeriums Nordrhein-Westfalen

Die Anwendung der radioaktiven Leitisotopenmethode als analytisches Schnellverfahren ermöglichte die Durchführung einer Einzelbestimmung der geringen Tl-Konzentrationen der Lösung in max. 10 min und bis herab zu Gehalten von 0,5 mg/l mit einer Genauigkeit von $\pm$ 0,1 mg/l. Dabei wurden bei einer Ausgangskonzentration der Lösung von 20 mg/l 4 mg/l (20 %) radioaktives Thallium in Form einer neutralen Thallonitratlösung bekannten Gehaltes zugesetzt. Die Methode erwies sich damit für die gestellte Aufgabe anderen analytischen Verfahren gegenüber an Schnelligkeit und Genauigkeit überlegen.

An dem folgenden Beispiel sollen als letztem aus der Reihe der Leitisotopenanwendungen die qualitativen und quantitativen Möglichkeiten derartiger Untersuchungen an Hand einer eingehenden Darstellung der Versuchsdurchführung nebst -auswertung gezeigt werden.

10. Untersuchung der Ledergerbung[10]

a) Netz-, Dispergier- und Emulgiermittel bei der Lederherstellung

Die herkömmlichen Verfahren der Ledergerbung werden heute in zunehmendem Maße ersetzt bzw. ergänzt durch den Einsatz moderner Lederhilfsmittel, um die Produktion zu beschleunigen und die Lederqualität zu verbessern. Hierzu werden vor allem Netz-, Dispergier- und Emulgiermittel vielfältiger Art verwendet bei den verschiedensten Arbeitsgängen der Lederherstellung, nämlich sowohl in der Weiche, im Äscher, in der Beize oder im Pickel als auch während der Gerbung und der Fettung des Rohleders. So wird z.B. bei der Weiche die Wasseraufnahme durch die trockene Haut und das Ablösen des anhaftenden Schmutzes durch Zusatz von Netzmitteln erleichtert, während im Äscher und in der Beize durch die Wirkung der Netzmittel das Eindringen der Chemikalienlösungen beschleunigt wird, ebenso wie später bei der eigentlichen Gerbung das Eindringen des Gerbstoffs.

Meist handelt es sich bei den verwendeten Produkten um anionische, oberflächenaktive Substanzen, die im Molekül eine Sulfogruppe oder einen Sulfatrest enthalten, wie z.B. die Alkylenbenzolsulfonate und die Alkylsulfate (Fettalkoholsulfonate). Es ist bekannt, daß Verbindungen

---

10. gekürzte Wiedergabe nach R. HEYDEN, J. PLAPPER u. K. SAUERWEIN, "Das Leder" 7, (1956),11. (Arbeit ausgeführt im Auftrag und in Zusammenarbeit mit der Böhme-Fettchemie G.m.b.H., Düsseldorf)

dieser Art im sauren p_H-Bereich auf die Hautsubstanz aufziehen. Man nimmt heute allgemein an, ohne es infolge der meist nur geringen verwendeten Mengen direkt analytisch beweisen zu können, daß Anteile dieser Netzmittel vom Leder gebunden werden.

b) Analytische Schwierigkeiten

Obwohl die Frage nach dem Verbleib der Netzmittel bei der Lederherstellung von erheblichem Interesse ist, ist sie mit den herkömmlichen analytischen Methoden quantitativ nicht zu klären. Ein direkter Nachweis der Netzmittel durch bestimmte Reaktionen ist nicht bekannt. Es handelt sich überdies um so geringe Mengen, daß merkliche Änderungen in der Elementarzusammensetzung von Haut und Leder nicht auftreten. Neben Kohlenstoff, Sauerstoff und Wasserstoff ist fast immer gebundener und eventuell freier Schwefel in jedem normalen Leder vorhanden, so daß auch auf Grund einer Schwefelbestimmung der Netzmittelgehalt und dessen Verteilung nicht ermittelt werden können. Die gleichen Schwierigkeiten treten auf, wenn man z.B. die in der Weiche oder im Äscher vorhandenen Netzmittelmengen feststellen will. Wieviel von dem Netzmittel von der Haut aufgenommen wird, wieviel bei wiederholter Benutzung der Bäder zurückbleibt und wieviel man noch davon im fertigen Leder findet, das sind Fragen, die sich gewöhnlich nicht beantworten lassen.

c) Radioaktiv markierte Netzmittel

Ein aussichtsreicher Weg, dem Verbleib der oberflächenaktiven Substanzen nachzuspüren, schien uns die Herstellung von Modellsubstanzen zu sein, die durch ein im Molekül enthaltenes radioaktives Atom markiert worden sind. Aus praktischen Gründen wählten wir den radioaktiven Schwefel mit dem Atomgewicht 35, der ein ß-Strahler ist und eine Halbwertszeit von 87 Tagen hat. Als Modellsubstanzen stellten wir Natrium-Dodecylsulfat und Natrium-Alkylbenzolsulfonat her.

d) Wert und Grenzen der Methode

Wegen des hohen Preises der radioaktiven Präparate und aus Gründen des Strahlenschutzes konnten die Versuche nur im kleinen Maßstab in gläsernen Wackerfäßchen ausgeführt werden (Abb. 16). Wir waren uns hierbei darüber klar, daß die quantitativen Ergebnisse unserer Arbeit ein in mancher Hinsicht unvollkommenes Bild von dem Verhalten der Netzmittel geben, weil die Ergebnisse nicht ohne weiteres auf die im Handel

Abbildung 16
Versuchsapparatur für die radioaktiv markierte Ledergerbung

befindlichen Produkte übertragen werden können. Während es sich bei den in unserer Arbeit verwendeten Produkten um reine Substanzen handelte, bestehen wohl alle Handelsprodukte dieser Art aus Stoffgemischen, die sich nicht nur hinsichtlich der Größe des Alkylrestes unterscheiden, sondern in denen häufig neben Alkylsulfaten auch noch echte Sulfonate und manchmal auch nichtionogene Stoffe vorkommen. Die Aufnahme und Verteilung der verschiedenartigen Netzmittelgemische in Haut und Leder sind sicher genau so unterschiedlich wie die zumeist bekannten ledertechnischen Auswirkungen. Trotzdem sind die Versuche nützlich, denn sie geben so tiefe Einblicke in das Verhalten dieser Stoffe, wie sie auf andere Weise überhaupt nicht zu erhalten sind. Da es möglich ist, noch die geringsten Mengen radioaktiver Substanz mit größter Genauigkeit durch Messung der Strahlung festzustellen, kann man beispielsweise ein Haut- oder Lederstück in mehr als 40 Horizontalschnitte von je 50 - 70 Mikron Dicke zerlegen und leicht den in jeder Schicht befindlichen Netzmittelanteil bestimmen. Wenn dennoch die dieser Methode eigene, sehr hohe Genauigkeit nicht in allen Fällen für unsere Zwecke voll ausgenützt werden konnte, so lag das an der Natur der tierischen Haut mit ihren Ungleichmäßigkeiten. Sofern nicht Durchschnittsproben aus größeren Hautstücken aufgeschlossen wurden und der Schwefel als Bariumsulfat ausgefällt wurde, ergaben sich manchmal Differenzen, die nur auf Ungleichmäßigkeiten in der Hautstruktur zurückgeführt sind. Durch die direkte Messung mit dem Zählrohr wurde z.B. jeweils ein etwa 1 cm^2 großes Stück Hautoberfläche erfaßt. Unmittelbar benachbarte Hautstücke zeigten nun gelegentlich Unterschiede im Gehalt an oberflächenaktiver Substanz, die mehr als $\pm$ 20 % betragen konnten. Zwar wurden nach Möglichkeit Durchschnittswerte aus mehreren Messungen ermittelt, doch ließen sich gewisse Fehler bei der Aufstellung von Bilanzen über den Verbleib der o.a. Substanzen nicht vermeiden, die wenigstens teilweise auf diese Ungleichmäßigkeiten zurückgeführt werden müssen. Praktisch spielen diese Fehler natürlich keine ausschlaggebende Rolle, da es belanglos ist, ob eine Haut etwa 0,010 oder 0,012 % Netzmittel enthält.

Mehr ins Gewicht fallen die bei der Durchführung eines Gerbverfahrens in kleinem Maßstabe unvermeidlichen Verluste an Flotte, Haaren, Bindegewebe usw. Damit gehen nicht erfaßbare Anteile an radioaktiven Netzmitteln verloren. Der Fehler in der Gesamtbilanz über alle Arbeitsgänge kann bis zu 20 % betragen (s. Tab. 2 - 7).

e) Herstellung der radioaktiven Netz-, Dispergier- und Emulgiermittel

Dodecylsulfat

Reiner Dodecylalkohol wurde mit Chlorsulfonsäure mit einer Radioaktivität von 10 mC sulfatiert und aus dem Reaktionsgemisch die Salzsäuregase durch einen getrockneten Luftstrom entfernt. Danach wurde der saure Ester in Petroläther gelöst und unter Rühren zu der berechneten Menge alkoholischer Natronlauge gegeben. Nach der Neutralisation wurden Wasser und Petroläther (zum Schluß unter vermindertem Druck) abdestilliert. Das Reaktionsprodukt wurde schließlich aus siedendem Äthanol umkristallisiert.

Alkylbenzolsulfonat

Alkylbenzol ("Korenyl" der Firma Rheinpreußen) wurde in der dreifachen Menge Tetrachlorkohlenstoff gelöst und bei 30 - 35°C mit 8 mC markierter Chlorsulfonsäure sulfoniert. Nach dem Abdestillieren des Tetrachlorkohlenstoffes wurde das Sulfonat mit Natronlauge neutralisiert. Schließlich wurde das Wasser abdestilliert und der Rückstand zur Entfernung der anorganischen Salze in Alkohol gelöst, filtriert und wieder eingedampft. Zur Entfernung etwa nicht umgesetzter Kohlenwasserstoffe wurde anschließend noch mit Petroläther extrahiert.

f) Einsatz der markierten Netz-, Dispergier- und Emulgiermittel

Das radioaktive Dodecylsulfat bzw. Alkylbenzolsulfonat - im folgenden kurz DS^+ genannt - wurde jeweils den einzelnen Arbeitsgängen einer durchschnittlichen Chromgerbung, d.h. bei Weiche, Äscher und Pickel, zugesetzt:

	% bezogen auf Haut- bzw. Blößengewicht		g/l	
	DS^+	ABS^+	DS^+	ABS^+
Weiche	0,5	0,4	0,5	0,3
Äscher	0,2	-	0,5	-
Pickel	0,25	-	2,5	-

Wenn z.B. die Weiche einen DS^+- oder ABS^+-Zusatz enthielt, blieben die anderen Arbeitsgänge netzmittelfrei. Die einzelnen Rindshautproben wurden getrennt aufgearbeitet, d.h. in üblicher Weise gegerbt, gefettet und getrocknet. Nach der Weiche und dem Äscher wurden Haut- und Brühenproben entnommen und gemessen. Dasselbe geschah bei den Brühen und Spülbrühen der übrigen Arbeitsgänge sowie beim fertigen Leder. Auf diese Weise ist es möglich, den Weg der jeweiligen Netzmittelzusätze während der gesamten Lederherstellung zu verfolgen und eine Bilanz aufzustellen.

Außerdem wurde DS^+ als Modellsubstanz in gleicher Weise wie bei dem Lorikalverfahren zur Herstellung von Chromhosenleder mit geringen Mengen Chromgerbstoff (1 % Cr_2O_3) verwendet.

Als Modell für FAS-Zusätze während der vegetabilischen Gerbung wurde DS^+ einer siebenstufigen 21-tägigen Farbenganggerbung zugegeben. Die Farbbäder erhielten jeweils 1 % DS^+, bezogen auf den Gerbstoffgehalt, und hatten steigende Gerbstoffkonzentrationen von ca. $0,7^\circ$ Bé bis ca. 10° Bé. Die insgesamt zugegebene Menge an DS^+ betrug 2 % des Blößengewichts.

g) Meßmethode

<u>Allgemeines</u>

Bevor auf die Bestimmung der in den Flotten und in den Haut- und Ledermustern enthaltenen markierten Netzmittelmengen näher eingegangen wird, sind noch einige grundsätzliche Ausführungen notwendig.

Die Messung der durch den Zerfall des Isotops ^{35}S entstehenden ß-Strahlung erfolgt mittels Geiger-Zählrohren.

Die durch den Zerfall eines Schwefelisotops ausgelöste Strahlung wird durch die mit dem Zählrohr verbundene Zählapparatur registriert. Mißt man die Impulse über eine bestimmte, abgestoppte Zeit, so erhält man daraus ein Maß für die Aktivität des strahlenden Präparates in Impulsen je Zeiteinheit (imp./min.). Die Zeitdauer, die man für die Messung wählt, hängt ab von:

1. der Strahlungsstärke des Präparates,
2. dessen Abstand und genauer Stellung zum Zählrohr, der sogenannten "Geometrie" der Anordnung,
3. der Empfindlichkeit des Zählrohrs gegenüber der auftretenden Strahlung.

Um auf die Strahlungsstärke, die als Maß für den Gehalt an markiertem Dodecylsulfat bzw. Alkylbenzolsulfonat dient, aus der in imp./min gemessenen Aktivität schließen zu können, müssen daher die beiden letztgenannten Bedingungen entweder stets gleich oder exakt reproduzierbar und somit gegenseitig beziehbar gewählt werden.

Ferner wird die gemessene Impulszahl gestört durch den sogenannten "Nulleffekt" des Zählrohrs, das ist der bei der betreffenden Zählrohranordnung wirksame Anteil der ständig auf uns fallenden Höhenstrahlung kosmischen Ursprungs. Alle Zählrohrmessungen wurden daher stets auf folgende Einflüsse korrigiert:

1. Höhenstrahlung (geschieht durch den Abzug des Nulleffektes von der gemessenen Impulszahl),
2. ungleiche Geometrie,
3. ungleiche Zählrohrempfindlichkeit,
4. zeitliche Abnahme der Strahlungsstärke durch radioaktiven Zerfall.

Die praktische Durchführung der Korrekturen 2 bis 4 ergibt sich aus dem folgenden:

Das Isotop ^{35}S zerfällt mit einer Halbwertszeit von 87 Tagen und sendet eine sehr weiche (energiearme) ß-Strahlung aus bis zu einer Maximalenergie von 0,167 Millionen e-Volt. Für die praktische Arbeit mit ^{35}S bedeutet dies, daß man innerhalb vieler Monate mit größenordnungsmäßig gleicher Aktivität rechnen kann, d.h. für komplizierte Versuche ausreichend Zeit hat.

Der Nachweis der Strahlung ist jedoch dafür mit einigen Schwierigkeiten verknüpft, da die weiche Elektronenstrahlung bereits in einer Schichtdicke von 30 mg/cm^2, d.h. in rund einem Drittel mm Wasser, vollständig absorbiert wird. Zur Messung der ^{35}S-Strahlung sind daher nur Geigerzähler mit sehr geringer Fensterstärke, möglichst unter 2 mg/cm^2, geeignet, da sonst die meiste Strahlung bereits im Zählrohrfenster stecken bleibt. Für die vorliegenden Messungen dienten sogenannte Glockenzählrohre sehr hoher Empfindlichkeit für die ^{35}S-Strahlung mit 1,0 - 1,5 mg/cm^2 starken Glimmerfenstern (das sind etwa 0,005 mm Dicke).

Um eine möglichst "gute Geometrie" bei der Meß-Anordnung zu erreichen und dabei auch sehr geringe Aktivitäten noch möglichst genau messen zu können, wurden alle Präparate gleichmäßig in runde Messing- bzw. V2A-Schälchen von 5 mm Höhe und 28 mm Innendurchmesser eingefüllt und diese direkt unter das Zählrohr geschoben, wobei die geometrischen Verhältnisse so exakt reproduzierbar waren, daß der Zählrohrpräparatabstand auf weniger als 0,05 mm genau eingestellt werden konnte (Abb. 17). Die etwas schwankende Empfindlichkeit der Zählrohre sowie der geringe radioaktive Abfall der Schwefelaktivität wurden laufend korrigiert durch das Mitmessen eines sogenannten Standardpräparates, durch dessen Aktivität alle gemessenen Werte dividiert wurden. Zugleich wurden damit auch etwa vorhandene Ungenauigkeiten bezüglich der "Geometrie" auskorrigiert. Das Standardpräparat wurde aus einer bekannten größeren DS^+-Menge durch Fällung als Bariumsulfat hergestellt.

Untersuchung der Flotten

Zur Bestimmung des Schwefelgehaltes der Flotten kann man in der üblichen Weise vorgehen und durch Zerstörung der organischen Substanz dafür sorgen, daß der gesamte Schwefel schließlich in Form von $SO_4"$-Ionen vorliegt. Die $SO_4"$-Ionen können dann als $BaSO_4$ ausgefällt werden.

A b b i l d u n g 17
Messung der radioaktiven Versuchsproben mit der Zählapparatur

Bei den äußerst geringen Schwefelgehalten mancher Flotten wäre diese Arbeitsweise nicht durchführbar, wenn man nicht durch Zugabe von inaktiven SO_4-Ionen für eine vollständige Ausfällung sorgte. Auf das Endergebnis bleibt die zugesetzte Menge an inaktiven SO_4-Ionen selbstverständlich ohne Einfluß, da bei den Messungen nur die Menge des aktiven Schwefelisotops erfaßt wird.

Außerdem ließ es sich durch diese Arbeitsweise leicht einrichten, daß die Schichtdicke des zur Messung gelangenden Bariumsulfates so gewählt werden konnte, daß die durch die Substanz verursachte Selbstabsorption der Strahlung ihren Grenzwert erreichte. Bei der Messung mußte daher immer darauf geachtet werden, eine Schichtdicke von 30 mg/cm^2, das sind ca. 200 mg für ein zur Messung benutztes Schälchen von 6,2 cm^2 Grundfläche, nicht zu unterschreiten. Dadurch konnte eine Korrektur der gemessenen Aktivität auf verschiedene Schichtdicke erspart werden.

Die Alkylsulfat enthaltenden Flotten wurden in der Regel zuerst mit Schwefelsäure hydrolysiert und dann die gesamte Schwefelsäure als Sulfat ausgefällt.

Teilweise wurden die Flüssigkeiten auch direkt untersucht, indem die von der Oberfläche ausgehende Strahlung in Beziehung zu einem flüssigen Vergleichspräparat bekannter Konzentration gesetzt wurde. Dieses Verfahren erwies sich bei oberflächenaktiven Substanzen als nicht fehlerfrei, denn diese Stoffe zeigen in verdünnter Lösung die Eigenschaft, sich bevorzugt an den Grenzflächen anzusammeln. Dadurch wird das Meßergebnis natürlich verfälscht, besonders weil nur die aus den obersten Flüssigkeitsschichten kommende Strahlung gemessen werden kann.

Untersuchung von Haut- und Lederproben

Die Messung der Aktivität der in Horizontalschnitte zerlegten Haut- und Lederproben ergab zunächst nur einen Überblick über die Verteilung einer Substanz über den Lederquerschnitt, ohne Aufschluß über den wirklichen Gehalt an Netzmitteln zu geben. Es wurde jeweils die von der Ober- und Unterseite der betreffenden Schnitte ausgehende Strahlung gemessen, um auf diese Weise eine Kontrolle der Messungen zu erhalten. Die Aktivität der Unterseite eines Schnittes mußte natürlich innerhalb der Fehlergrenzen genau so groß sein wie die Aktivität der Oberseite des folgenden Schnittes.

Zur quantitativen Ermittlung des Netzmittelgehaltes wurde die Haut- bzw. Lederprobe entweder mit Salpetersäure und Kupfernitrat aufgeschlossen oder durch Verbrennung mit Natriumperoxyd zerstört und die im Rückstand enthaltene Sulfatmenge durch Fällung als $BaSO_4$ gewonnen, gegebenenfalls unter Zugabe von inaktiver Schwefelsäure. Der Aufschluß mit Natriumperoxyd erwies sich im Verlaufe der Arbeiten als der bequemere und genauere.

Eichmessungen

Der Absolutgehalt an DS^+ bzw. ABS^+ kann aus der mit dem Zählrohr gemessenen oberflächlichen Strahlungsaktivität der flüssigen oder festen Meßproben errechnet werden. Die oberflächliche Strahlungsaktivität einer beliebigen Probe ist stets proportional ihrem spezifischen DS^+-Gehalt, d.h. dem Relativwert des DS^+-Anteils zur vorliegenden Menge, der die Probe entnommen ist.

Es sei: J die oberflächliche Strahlungsaktivität der Meßprobe,
S der Gesamt-DS^+-Anteil und
M das Gesamtgewicht der zu untersuchenden Substanz;

dann gilt nach dem oben Ausgeführten:

$$\frac{J}{S/M} = \text{konst (k)}$$

Wenn die Eichkonstante k bekannt ist, kann also aus der Oberflächen-Strahlungsaktivität J und dem vorliegenden Gewicht M einer zu untersuchenden Substanz, deren DS^+-Gehalt S bestimmt werden durch:

$$S = J \cdot M/k.$$

Die Konstante k muß durch Eichmessungen sowohl für flüssige als auch für feste Meßpräparate ermittelt werden.

h) Ergebnisse

Tabelle 2
DS^+-Bilanz bei radioaktiver Weiche

Arbeitsgang	untersuchte Probe	Gesamt-Stoffmenge (M)	gef. Gesamt-DS^+-Gehalt in mg (S)	% DS^+-Gehalt von eingesetzter Menge
Weiche 0,5 % DS^+ 0,5 g/l DS^+	Ansatzflotte	612 cm³	311,0 mg	100 %
	Restflotte	540 cm³	204,0 mg	66,0 %
	geweichte Haut	113,5 g (naß)	56,9 mg	18 %
Äscher	Restflotte	396 cm³	28,1 mg	9,0 %
	Spülbrühe	778 cm³	6,8 mg	2,2 %
	Blöße	154 g (naß)	21,5 mg	7 %
Beize bis einschließlich Fettung	Rest- und Spülbrühen	6000 cm³	2,79 mg	0,9 %
Fertigleder enthält 0,17 mg DS^+/g Leder=0,017 %	Leder	57,3 g	9,5 mg	3,1 % Ges.-Verl. 18,8 % 100,0 %

Tabelle 3

DS^+-Bilanz bei radioaktivem Äscher

Arbeitsgang	untersuchte Probe	Gesamt-Stoffmenge (M)	gef. Gesamt-DS^+-Gehalt in mg (S)	% DS^+-Gehalt von eingesetzter Menge
Äscher 0,2 % DS^+ 0,5 g/l DS^+	Ansatzflotte Restflotte Spülbrühe Blöße	446 cm³ 400 cm³ 690 cm³ 136,5g(naß)	200,0 mg 141,0 mg 8,46 mg 12,2 mg	100 % 70,5 % 4,2 % 6,1 %
Beize	Rest- und Spülbrühe	1652 cm³	2,13 mg	1,1 %
Pickel bis einschließlich Fettung	Rest- und Spülbrühe	3750 cm³	1,15 mg	0,6 %
Fertigleder enth. 0,13mg DS^+/g Leder = 0,013 %	Leder	56,6 g	7,38 mg	3,7 % Ges.-Verl. 19,9 % 100,0 %

Tabelle 4

DS^+-Bilanz bei radioaktivem Pickel

Arbeitsgang	untersuchte Probe	Gesamt-Stoffmenge (M)	gef. Gesamt-DS^+-Gehalt in mg (S)	% DS^+-Gehalt von eingesetzter Menge
Pickel 0,25 % DS^+ 2,5 g/l	Ansatzflotte Restflotte	64 cm³ 57 cm³	160,0 mg 6,9 mg	100 % 4 %
Gerbung	Restflotte Spülbrühe	73 cm³ 640 cm³	3,1 mg 22,1 mg	2 % 14 %
Neutralisation	Restflotte Spülbrühe	65 cm³ 640 cm³	6,4 mg 16,1 mg	4 % 10 %
Fettung	Restflotte	128 cm³	17,3 mg	11 %
Fertigleder enthält 2 mg DS^+/g Leder = 0,2 %	Leder	28,2 g	57,7 mg	36 % Ges.-Verl.: 19 % 100 %

Tabelle 5

DS^+-Bilanz bei radioaktiver Lorikalgerbung

Arbeitsgang	untersuchte Probe	Gesamt-Stoffmenge (M)	gef. Gesamt-DS^+-Gehalt in mg (S)	% DS^+-Gehalt von eingesetzter Menge
Lorikalgerbung I 3 % DS^+	Ansatzflotte	57 cm^3	2960,0 mg	100 %
	Restflotte	16 cm^3	36,7 mg	1 %
	Spülbrühe	960 cm^3	154,0 mg	5 %
Neutralisation	Restflotte	190 cm^3	86,0 mg	3 %
	Spülbrühe	985 cm^3	153,0 mg	5 %
Fertigleder enthält 63,5 mg DS^+/g Leder=6,35 %	Leder	32,5 g	2060,0 mg	69 % Ges.-Verl.: 17 % ────── 100 %
Lorikalgerbung II 1,5 % DS^+	Ansatzflotte	57 cm^3	1640,0 mg	100 %
	Restflotte	27,5 cm^3	2,5 mg	0,2 %
	Spülbrühe	1080 cm^3	90,0 mg	5,0 %
Neutralisation	Restflotte	214 cm^3	27,0 mg	2,0 %
	Spülbrühe	1010 cm^3	106,0 mg	6,0 %
Fertigleder enth. 34,1 mg DS^+/g Leder =3,41 %	Leder	39,5 g	1343,0 mg	83,0 % Ges.-Verl. 3,8 % ────── 100,0 %

Forschungsberichte des Wirtschafts- und Verkehrsministeriums Nordrhein-Westfalen

Tabelle 6

DS^+-Bilanz bei radioaktivem Farbengang

Arbeitsgang	untersuchte Probe	Gesamt-Stoffmenge (M)	Gef.Gesamt-DS^+-Gehalt in mg (S)	% DS^+-Gehalt von eingesetzter Menge
vegetabilische Gerbung 2 % DS^+	Farbflotten 1-7	3920 cm^3	1557,5 mg	100 %
	Restflotten 1-7	3912 cm^3	1280,0 mg	82 %
	Spülbrühe	560 cm^3	39,0 mg	2 %
Fertigleder enthält 4,9 mg DS^+/g Leder=0,49 %	Leder	65 g	317,0 mg	20 %
				104 %

Tabelle 7

ABS^+-Bilanz bei radioaktiver Weiche

Arbeitsgang	untersuchte Probe	Gesamt-Stoffmenge (M)	gef.Gesamt-ABS^+-Gehalt in mg (S)	% ABS^+-Gehalt von eingesetzter Menge	
Weiche 0,4 % ABS^+ 0,3 g/l ABS^+	Ansatzflotte	560 cm^3	168,0 mg	100 %	
	Restflotte	525 cm^3	109,0 mg	65 %	65,0 %
	Aceton-Restbrühe*)	705 cm^3	51,0 mg	30,3 %	
	geweichte, entwässerte Haut	44g (trocken)	3,1 mg	1,9 %	
				97,2 %	
			Verlust:	2,8 %	
				100,0 %	
Äscher	Restflotte	590 cm^3	20,8 mg	12,4 %	
	Spülbrühe	910 cm^3	4,1 mg	2,5 %	
Beize bis einschließlich Fettung	Rest- und Spülbrühen	4200 cm^3	8,3 mg	5,2 %	
Fertigleder enthält 0,011 mgABS^+/g Leder = 0,0011 %	Leder	41 g	0,47 mg	0,3 %	
				Ges.-Verl. 14,6 %	
				100,0 %	

*) Die geweichte Haut wurde in diesem Fall mit Aceton entwässert. Der größte Teil des aufgenommenen Netzmittels wurde dabei offenbar herausgelöst

Netzmittel in der Weiche

Wie aus den Tabellen 2 und 7 entnommen werden kann, ist es trotz der bereits geschilderten Fehlermöglichkeiten mit ausreichender Genauigkeit möglich, den bei der Weiche eingesetzten DS^+- bzw. ABS^+-Gehalt durch alle Arbeitsgänge hindurch bis zum fertigen Leder zu verfolgen. Während in der Weiche selbst größenordnungsmäßig etwa 20 % bzw. 30 % des radioaktiven Netzmittels von der Haut aufgenommen werden, so gibt diese, besonders während der alkalischen Arbeitsgänge, beträchtliche Mengen wieder an die Rest- und Spülbrühen ab. Bei den sauren Arbeitsgängen, dem Pickel und der Gerbung, tritt nur ein geringer Verlust auf. Im fertigen Leder findet man schließlich noch 3 % des ursprünglich zum Weichen verwendeten Alkylsulfates und nur noch 0,3 % der Alkylbenzolsulfonatmenge. Das Leder enthielt in den beiden Fällen noch 0,17 mg DS^+/g Leder = 0,017 % bzw. nur noch 0,011 mg ABS^+/g = 0,0011 %, eine äußerst geringe, aber noch eindeutig zu ermittelnde Menge. Nach allgemeiner Erfahrung[10] wirken sich diese geringen Netzmittelmengen, die bei einer Weiche mit z.B. 500 g Netzmittel/cbm - wie in diesem Fall verwendet - zum Einsatz kommen, niemals nachteilig auf die Ledereigenschaften aus. Sie schützen eher den Narben während der Arbeitsgänge der Lederherstellung, besonders bei der Gerbung, und bewirken offenbar ein feines, glattes Narbenbild. Dies wird unterstrichen durch die Tatsache, daß die Verteilungskurve des radioaktiven DS^+ im Leder, wie aus Abbildung 18 hervorgeht, ein ausgesprochenes Maximum auf der Narbenseite kurz unterhalb der Narbenoberfläche etwa in Höhe der Haarwurzeln hat. Im Innern des Leders sind nur sehr geringe DS^+-Mengen enthalten, und nach der Fleischseite zu steigt der DS^+-Gehalt geringfügig an. Die diesem Kurvenverlauf entsprechende vertikale Verteilung des DS^+ erkennt man auch deutlich an der Autoradiographie (Abb. 19a) des Vertikalschnittes am Leder aus dem radioaktiven Weichversuch. Abweichend davon ist bei Verwendung von Alkylbenzolsulfonat, wie aus der Abbildung 18 zu ersehen ist, die Aufnahme von ABS auf der Fleischseite stärker.

---

10. H. HERFELD, G. WIEGAND und K. SCHMIDT, Ges. Abhandlung d. Deutschen Lederinstitutes, Heft 11, S. 35-59 (1955)

Forschungsberichte des Wirtschafts- und Verkehrsministeriums Nordrhein-Westfalen

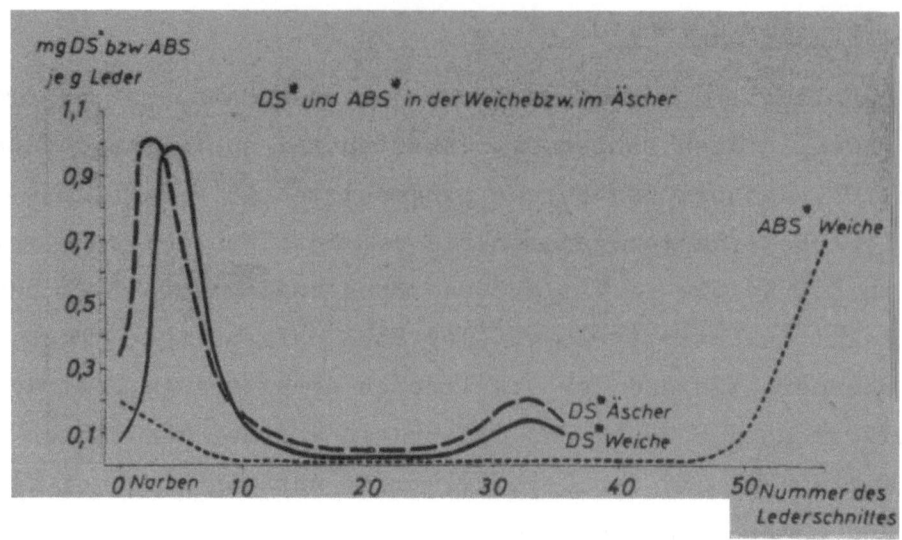

Abbildung 18

Schwefelverteilung in der Blöße nach aktiver Weiche bzw. Äscherung

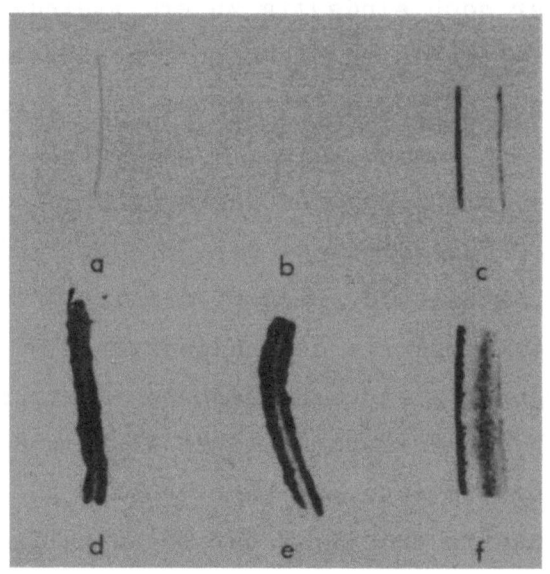

Abbildung 19

Autoradiographien von vertikalen Lederschnitten (links: Narbenseite)

    a) aus Weichversuch   d) aus Lorikalgerbversuch
                                        mit 3 % Einsatz

    b) aus Äscherversuch   e) aus Lorikalgerbversuch
                                        mit 1,5 % Einsatz

    c) aus Pickelversuch   f) aus vegetabilischem
                                        Gerbversuch

Forschungsberichte des Wirtschafts- und Verkehrsministeriums Nordrhein-Westfalen

Netzmittel im Äscher

Fast die gleichen Verhältnisse, die beim Netzmitteleinsatz während der Weiche gefunden wurden, findet man auch beim Netzmitteleinsatz während des Äschers. Wie Tabelle 3 zeigt, werden von der eingesetzten DS^+-Menge - 0,2 % DS^+ = 0,5 g DS^+/l - aus der Äscherflüssigkeit 6,1 % von der Blöße aufgenommen. Im fertigen Leder sind schließlich nur noch 3,7 % der ursprünglich eingesetzten Netzmittelmenge vorhanden. Auch hier zeigt sich, daß die Blöße während der sauren Arbeitsgänge praktisch keine Verluste an DS^+ hat, dagegen während der alkalischen Arbeitsgänge die Aufnahme gering bzw. der Verlust größer ist.

Das fertige Leder besitzt noch einen Gehalt von 0,13 mg DS^+/g Leder, d.h. 0,013 % DS^+, eine Menge, die größenordnungsmäßig gleich derjenigen ist, die auch beim Einsatz der gleichen Menge während der Weiche gefunden wurde.

Auch die vertikale Verteilung der im Äscher aufgenommenen DS^+-Menge in der Blöße entspricht weitgehend derjenigen, die man beim Weichversuch findet (Abb. 18). Man kann wohl sagen, daß diejenige Netzmittelmenge, die nach dem Äscher noch in der Blöße vorhanden ist, im wesentlichen und in gleicher Verteilung auch noch im Leder wiedergefunden wird.

Die Autoradiographie eines Vertikalschnittes (Abb. 19b) zeigt auch deutlich die Anreicherung des DS^+ an der Narbenseite des Leders. Wie bei der Weiche so werden auch beim Äscher geringe Anteile derartiger anionischer Netzmittel bevorzugt von der Narbenschicht etwa in Höhe der Haarwurzeln gebunden. Außer der Beschleunigung des zeitlichen Arbeitsablaufes kann die vielfach beobachtete Beeinflussung des Narbenbildes wohl nur auf diese spezifische Aufnahme und Bindung geringer Mengen derartiger Netzmittel zurückgeführt werden.

Netzmittel im Pickel

Die beim Pickel zugesetzte Netzmittelmenge (0,25 % = 2,5 g/l DS^+) wird, wie aus Tabelle 4 zu entnehmen ist, zunächst fast vollständig aufgenommen. Die Hauptverluste treten beim Spülen und bei der Neutralisation nach der Gerbung und bei der Fettung ein. Insgesamt findet man aber mit 38 % von der eingesetzten Menge DS^+ im fertigen Leder ein Vielfaches von dem, was beim Einsatz in Weiche oder Äscher erhalten bleibt. Es ist offenbar so, daß um so mehr von der eingesetzten Netzmittelmenge im fertigen Leder wiedergefunden wird, je später der Netz-, Dispergier- und Emulgiermittel-Einsatz bei der Lederherstellung erfolgt. Diese Beobachtung wird, wie noch gezeigt werden wird, auch während der Gerbung, z.B. bei dem Verfahren der Lorikalgerbung, in Verbindung mit Chromgerbstoffen bestätigt.

Das fertige Leder enthielt 2 mg DS^+/g Leder, d.h. 0,2 % DS^+, in grundsätzlich der gleichen, schon bekannten vertikalen Verteilung (Abb. 20). Die Autoradiographie (Abb. 19c) eines Vertikalschnittes vom fertigen Leder zeigt sehr deutlich die starke DS^+-Bindung an der Narbenseite und eine weitere, etwas geringere DS^+-Anreicherung an der Fleischseite des Leders. Ein Netzmittelzusatz während des Pickels ist in der Praxis nicht sehr weit verbreitet, jedoch erhält man besonders bei weichen und geschmeidigen Ledern mit geringen FAS-Mengen im Pickel gute Erfolge.

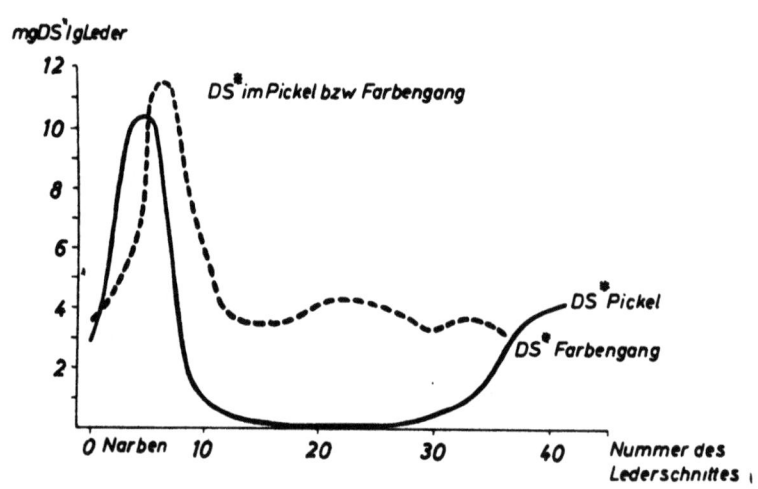

A b b i l d u n g 20

Schwefelverteilung im Leder nach aktiver Pickelung
bzw. vegetabilischer Gerbung

Alkylsulfat-Chromgerbung

Wie schon bekannt, treten bei den sauren Arbeitsgängen der Lederherstellung nur geringe Verluste an anionischen Netz- und Emulgiermitteln ein. Bei der Verwendung des radioaktiven DS^+ in der Art, wie dies bei der bekannten Lorikal-Chromgerbung in geringer Flotte geschieht, wird, wie aus Tabelle 5 entnommen werden kann, der Hauptanteil der eingesetzten Alkylsulfatmenge (83 %) im fertigen Leder gebunden. Verdoppelt man die eingesetzte Menge, dann findet man auch ziemlich genau den doppelten Gehalt im fertigen Leder, d.h., daß der DS^+-Gehalt im fertigen Leder proportional mit der eingesetzten Menge steigt.

Die kurvenförmige Darstellung der vertikalen Verteilung des DS^+ im Leder ergibt, wie aus Abbildung 21 hervorgeht, ein ähnliches, schon bekanntes Bild - starke Anreicherung kurz unterhalb der dem Narben zugewandten Seite des Rindsspaltes und eine weitere Anreicherung auf der Fleischseite. Die Durchdringung des Leders ist entsprechend der verwendeten größeren DS^+-Menge weiter fortgeschritten. Dies geht auch aus den Autoradiographien von Vertikalschnitten der gleichen Leder hervor (Abb. 19 d und e).

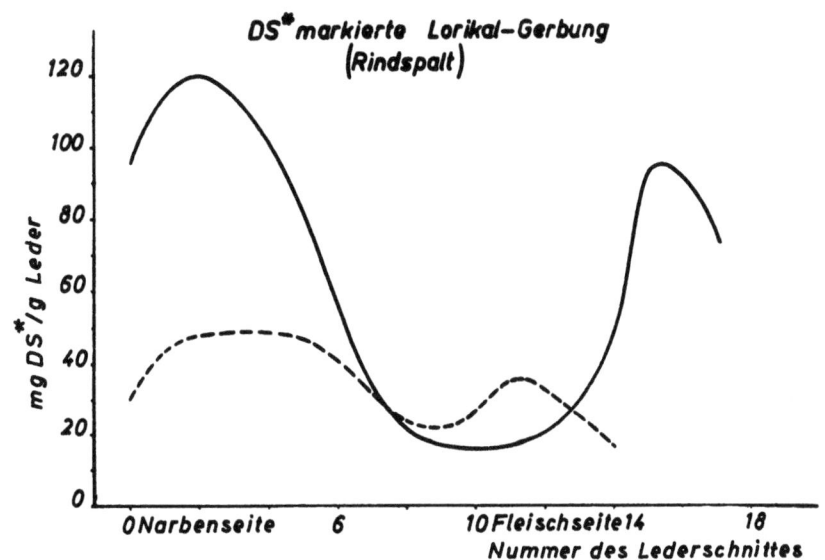

Abbildung 21

Schwefelverteilung im Leder nach aktiver Lorikalgerbung mit 3 % (———) bzw. 1,5 % (----) Einsatz

Netz- und Dispergiermittel bei der vegetabilischen Gerbung

Verwendet man bei der vegetabilischen Gerbung DS^+, so erhält man z.B. beim Einsatz von insgesamt 2 % DS^+, wie Tabelle 6 zeigt, eine ca. 20 %-ige Aufnahme. Das fertige Leder enthielt 0,49 % DS^+, jedoch in wesentlich gleichmäßigerer Verteilung als dies bei der Verwendung von DS^+ bei anderen Arbeitsverfahren beobachtet wurde. Man hat auch hier eine besonders starke Bindung des DS^+ kurz unter der Narbenoberfläche (Abb. 20), aber sonst durch das ganze Leder hindurch einen fast gleichen und durchschnittlich höherliegenden Gehalt von ca. 0,4 % DS^+.

Das geht auch aus der Autoradiographie (Abb. 19f) hervor. Eine sehr interessante Autoradiographie (Abb. 22) zeigt einen Horizontalschnitt von der Narbenseite des vegetabilisch gegerbten Leders, aus der eine lokale Anreicherung des DS$^+$ in den Haarporen ersichtlich ist.

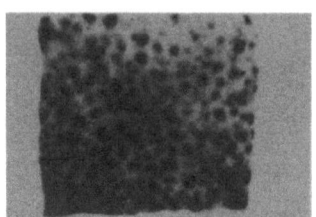

A b b i l d u n g 22
Autoradiographie eines Horizontalschnittes
(Narbenseite) von vegetabilisch gegerbtem Leder

i) Zusammenfassung und Diskussion der Ergebnisse

Mit Hilfe von radioaktiv-markierten Netz-, Dispergier- und Emulgiermitteln ist es möglich, den Weg und Verbleib dieser Lederhilfsmittel während des gesamten Lederherstellungsprozesses zu ermitteln und eine ausreichend genaue Bilanz aufzustellen. Die heute allgemein vorherrschende Anschauung, daß die während der Lederherstellung verwendeten anionischen Netz-, Dispergier- und Emulgiermittel von der Haut und dem Leder zu einem gewissen Teil gebunden werden, wird durch unsere Ergebnisse eindeutig bestätigt.

Der von der Haut bzw. dem Leder gebundene Anteil ist um so größer, je später dessen Verwendung im Lederherstellungsprozeß erfolgt. Während der alkalischen Arbeitsgänge - Äscher, Entkälkung und Neutralisation - nimmt die Haut prozentual am wenigsten auf bzw. verliert einen merkbaren Anteil vorher eingesetzter Netzmittel.

Die Steigerung der verwendeten Netz-, Dispergier- und Emulgiermittelmenge steigt der gebundene Anteil proportional an. Selbstverständlich nimmt der Gesamtgehalt an Netz-, Dispergier- und Emulgiermitteln bei Einsatz in jedem Arbeitsgang additiv zu.

Die festgestellte Anreicherung der anionischen Netz-, Dispergier- und Emulgiermittel kurz unter der Narbenoberfläche sowie in den Haarporen gibt offenbar eine Erklärung für die guten Einflüsse derartiger

Hilfsmittel auf den Äscherverlauf, Grundlockerung, Schutz des Narbens sowie für die oft beobachtete Narbenfeinheit der Fertigleder.

Während bei sehr niedrigem Einsatz von Netz- bzw. Emulgiermitteln die Blöße fast die ganze Menge, besonders in den oberen Schichten der Narben- und Fleischseite, bindet, dringt bei Steigerung der Menge - insbesondere bei kurzen Flotten - die aktive Substanz tief in die Haut ein, wovon bei der Gerbung mit Lorikal D - einem speziellen Fettalkoholsulfonat - für sämischartige Leder Gebrauch gemacht wird.

Die Verwendung geringer Mengen niedermolekularer anionischer Dispergiermittel während der vegetabilischen Gerbung ist bekannt und braucht nicht besonders behandelt zu werden. Hierbei wird die Durchgerbegeschwindigkeit erhöht, der Narben geschützt - daher feiner - und die Gerbstoffverteilung gleichmäßiger, wodurch auch die Reißfestigkeit der Leder verbessert wird.

Die beschriebene Anwendung der Leitisotopenverfahren zum Studium der Lederherstellung ermöglichte damit erstmalig, genauere qualitative und quantitative Aufschlüsse über die bis dahin noch weitgehend unbekannten Vorgänge bei der Ledergerbung zu gewinnen.

II. Strahlenschwächung

Im folgenden Abschnitt sollen die wichtigsten Anwendungen der Strahlenschwächung und zugleich die darauf beruhenden Strahlenschutzverfahren behandelt werden. Im Gegensatz zu den Leitisotopenverfahren werden hierbei fast nur geschlossene, d.h. allseitig umhüllte Radioisotope als Strahler verwendet. Im allgemeinen treten daher nur die viel einfacher zu lösenden Probleme des Schutzes vor der von außen auf den Körper auftreffenden Strahlung auf.

1. Gammographie

Seit einigen Jahren ist es möglich, in Kernreaktoren radioaktive Isotope mit hoher spezifischer Aktivität herzustellen, von denen sich einige besonders gut für die zerstörungsfreie Werkstoffprüfung - analog der Röntgendurchstrahlung - verwenden lassen. Im Gegensatz zu den bereits früher in geringem Umfang hierfür angewandten natürlich radioaktiven Strahlern wie Radium und Thorium, die wegen ihrer Seltenheit außerordentlich teuer sind, gelangten die künstlich radioaktiven Strahler zu größerer wirtschaftlicher Bedeutung.

Die Gammadurchstrahlung geht in ähnlicher Weise vor sich wie die Röntgendurchleuchtung: Ein radioaktives Präparat mit kleinen Abmessungen durchstrahlt den Prüfling, auf dessen Rückseite ein Röntgenfilm angebracht ist. Die so hergestellten Radiographien lassen Fehlstellen in Material durch erhöhte Schwärzung, Fremdkörpereinschlüsse verschiedener Dichte durch veränderte Schwärzung auf dem Röntgenfilm erkennen. Eine Übersicht über die für die verschiedenen Stahldicken geeigneten Gammastrahler gibt die Tabelle 8. Entsprechend den verschiedenen Energien der einzelnen Strahler empfiehlt es sich, die als Richtwerte angegebenen Anwendungsbereiche einzuhalten. In der Regel werden die Strahlungsquellen als kleine zylindrische Körperchen von quadratischem Querschnitt in den Größen 1 x 1 mm, 2 x 2 mm, 4 x 4 mm, 6 x 6 mm und 12 x 12 mm und darüber hergestellt. Die großen Vorteile der Gammastrahler gegenüber Röntgenanlagen sind völlige Spannungsunabhängigkeit und Unempfindlichkeit gegenüber rauhem Transport und Betriebsbedingungen. Die kleine Abmessung der Strahlungsquellen macht es möglich, auch an Stellen Aufnahmen zu machen, die für Röntgenröhren unzugänglich sind. Die Anschaffungskosten für radioaktive Präparate dieser Art sind in jedem Falle so gering, daß sie neben den übrigen Arbeits- und Betriebskosten nicht ins Gewicht fallen. Durch den Bau größerer und ergiebigerer Kernreaktoren wurde ein Nachteil der Gammastrahler, nämlich die gegenüber den Röntgenanlagen sehr viel geringere Strahlungsintensität zum Teil ausgeglichen.

Das Verfahren der Gammographie hat während der letzten Jahre in schnell wachsendem Umfang in fast allen Werkstoffprüfstellen größerer Werke Eingang gefunden. Infolge seiner einfachen Anwendungsweise sind hierbei nur einige über die Röntgentechnik hinausgehende Gesichtspunkte zu berücksichtigen. Unsere Mitwirkung bei der Einführung dieses Verfahrens hat sich daher in den meisten Fällen auf eine Beratung bezüglich zweckmäßiger Einrichtung und der Anlage größerer Arbeitsräume, vor allem hinsichtlich Fragen des Strahlenschutzes beschränkt. In einigen Fällen, wie z.B. zur Schweißnahtkontrolle beim Hochofenbau und zur Prüfung komplizierter Gußstücke, sowie für Prüfstellen, die keine werkseigenen Radioisotopen besitzen, führten wir Untersuchungen durch.

Forschungsberichte des Wirtschafts- und Verkehrsministeriums Nordrhein-Westfalen

Tabelle 8

Daten einiger für die Radiographie wichtiger γ-Strahler

radiograf. Anwendungs- bereich (mm Fe-Wand- stärke)	γ-Strahler (chemisches Symbol)	Strahler- größe (Zylinder, $\emptyset$ = h in mm)	Max. Aktivität d. angegebenen Strahlergröße (Curie)	Spez. Akti- vität (Curie/Gramm bzw. ccm)	Gamma- Energie (Millio- nen Elek- tronen Volt)	Halb- werts- zeit	Preis des angegebenen Strahlers mit max. Aktivität (DM)
50 - 150	Radium (Ra)	ca. 20 mm^3	0,1	1 C/g	0,1 - 2,2	1620 Jahre	10.000,--
50 - 150	Mesothorium (MsTh)	" " "	0,1	-	0,1 - 2,7	6,7 Jahre	7.500,--
50 - 150	Kobalt (Co60)	3,2 x 3,2	2	9 C/g	1,17 u. 1,33	5,3 Jahre	240,--
20 - 100	Caesium (Cs-137)	4 x 4	2,5	<10 C/g	0,662	30 Jahre	1.200,--
10 - 60	Iridium (Ir-192)	1 x 1	2	110 C/g	0,30 - 0,61	75 Tage	460,--
1 - 10	Thulium (Tm-170)	2 x 2	0,2	4,5 C/g	0,084	127 Tage	60,--

Forschungsberichte des Wirtschafts- und Verkehrsministeriums Nordrhein-Westfalen

Abbildung 23
Schweißnahtprüfung

Abbildung 24
Gammographie eines Wasserhahnes
(Aufnahme: AERE-HARWELL)

Zwei Bilder mögen das Verfahren der Gammographie illustrieren[11]. Abbildung 23 zeigt eine Schweißnahtprüfung mittels einer sogenannten Panoramaaufnahme, bei der der zu belichtende Film rings um das Aufnahmeobjekt herumgelegt wird. Der Gammastrahler (hier Kobalt 60) befindet sich im Inneren des Gußstücks, und zwar im Zentrum des am Mittelteil erkennbaren Filmplattenringes. Die Abbildung 24 eines Wasserhahnes, der mit den Gamma-Strahlen des Iridiums 192 aufgenommen wurde, läßt deutlich die Materialkonturen erkennen.

2. Fernbedienungsanlage für den Isotopentransport

Neben rein bautechnischen Maßnahmen für den Strahlenschutz verlangt der gefahrlose Einsatz von Gammastrahlern höherer Aktivität - bei energiereichen Strahlern bereits von einigen Curie an - die Anwendung absolut strahlensicherer und automatischer Fernbedienungsanlagen. Der übliche Transport der Isotope zum Prüfungsort in Blei- oder Wolframbehältern wird für den laufenden Einsatz bei den immer stärker werdenden Aktivitäten der Strahler unmöglich. Für diesen Fall sollten die Isotopen aus einem absolut strahlensicheren, unter der Erde gelegenen Aufbewahrungsbehälter durch eine bewegliche Fernleitung direkt in die Aufnahmestellung befördert werden. Der Untersuchungsort kann dabei beliebig ausgewählt werden. Abbildung 25 zeigt die Schemaskizze einer Fernbedienungsanlage für Gammastrahler (die Konstruktion wurde nach unseren Vorschlägen von Fa. H. Wälischmiller, Meersburg, entwickelt). Die radioaktiven Präparate finden in besonders geformten Transportkörpern Aufnahme. Diese Transportkörper befinden sich bei Ruhestellung in dem Aufbewahrungsbehälter, in dessen Mitte sich eine Walze oder Schieber mit mehreren ringförmig oder hintereinander angeordneten Kammern für die Aufnahme der Transportkörper befindet. Die Walze bzw. der Schieber kann durch mechanische, elektrische oder elektromagnetische Steuerung - entweder direkt am Behälter oder von einer Schaltwarte aus - so geschaltet werden, daß die Kammer mit dem jeweils gewünschten Präparat vor die Mündung des "Transportkanals" zu liegen kommt. Durch Einlassung eines Druckmediums (Luft, Öl) wird der Transportkörper aus der Kammer in den Transportkanal und von dort weiter durch die Leitungen in den Strahlungstubus und damit in die Arbeitsstellung geschoben. Der Rücktransport

---

11. s.a. K. SAUERWEIN "Die Anwendung von Radioisotopen in der Werkstoffkunde", Metall 10 (1956) 387-393

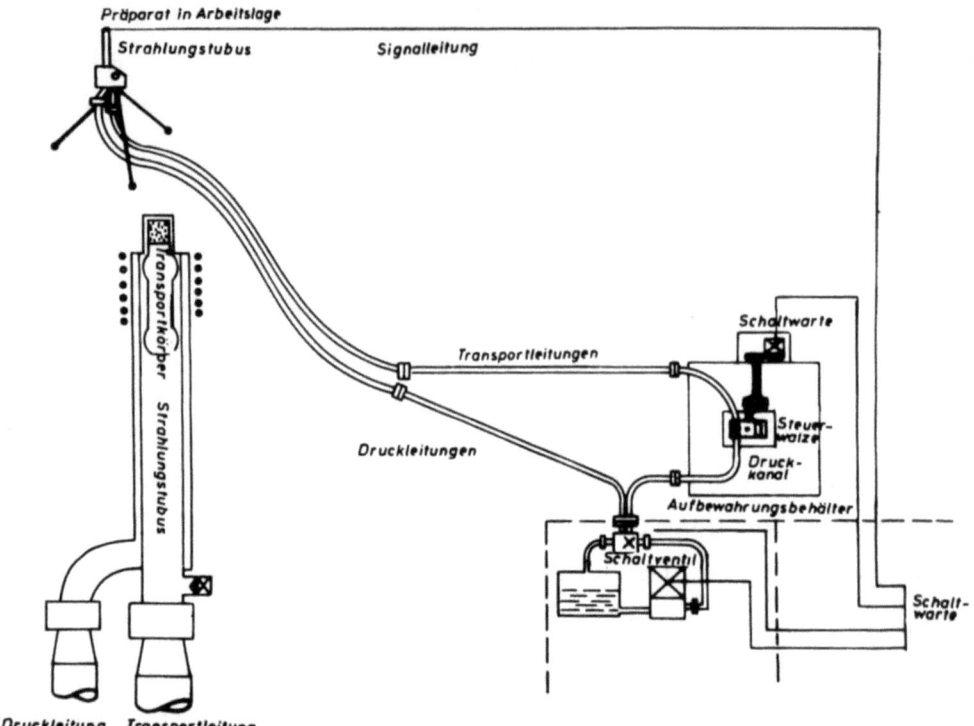

Abbildung 25

erfolgt über eine zweite Leitung. Durch Zwischenschalten weiterer Leitungsstücke können die Leitungen auf jede praktisch benötigte Entfernung verlängert werden.

3. Bau von Isotopenräumen

a) Anlagen für die Gammographie mit starken Strahlern

Außer verschiedentlichen Prüfungen komplizierter Gußteile und Schweißnähte wurde unter unserer Beratung insbesondere auch der Bau werkseigener Isotopendurchstrahlungsräume in mehreren in- und ausländischen Gußstahlwerken durchgeführt. Um die notwendigen Strahlenschutzmaßnahmen anzugeben und für den Bau die aus Strahlenschutzgründen benötigten Wanddicken auszurechnen, wurden umfangreiche Rechenarbeiten durchgeführt. Einige wichtige Gesichtspunkte dafür sind nachstehend kurz zusammengefaßt.

Die international empfohlene maximal zulässige Dosis für Gammastrahlung beträgt D_T = 50 mr (Milliröntgen) je Arbeitstag bei 7-stündiger Arbeitszeit. Im Jahr sollten 5 r auf keinen Fall überschritten werden[+]. Die Strahlungsdosis hängt sowohl von der Energie als auch von der Aktivität

---
[+] Neuerdings wird daher eine Wochendosis unter 100 mr empfohlen

und der Entfernung eines Strahlers ab und ist proportional der Strahlungsdauer. Eine charakteristische Konstante für einen Gammastrahler ist die sogenannte spezifische Dosisleistung I_γ. Diese stellt die je Curie und Stunde von dem betreffenden Strahler in einem m Entfernung erzeugte Dosis in der Einheit Röntgen (r) dar. Die Dimension von I_γ ist daher $r \cdot m^2/h \cdot C$. Zu jeder Strahlungsaktivität A, gemessen in C (Curie) gehört folglich ein bestimmter Abstand f_T gemessen in m (Meter), bei dem gerade der vom Gammastrahler der spezifischen Dosisleistung I_γ eine Strahlungsdosis in Höhe der Toleranzdosis D_T erzeugt wird. Diesen Abstand bezeichnet man als Toleranzabstand. Aus den hier genannten Definitionen ergibt sich daher die Beziehung

$$D_T = A \cdot I_\gamma / f_T^2 \quad \text{bzw.}$$

$$A = D_T \cdot f_T^2 / I_\gamma$$

umgekehrt kann man daher für jede Strahlerart eine bestimmte Aktivität A_T (1 m) angeben (Toleranzaktivität für 1 m), bei der in 1 m Strahlerabstand die Toleranzdosis erreicht wird. Hierfür gilt

$$A_T (1\ m) = D_T / I_\gamma$$

Diese Beziehungen gelten für Luft bzw. streng genommen im Vakuum. Befindet sich zwischen Strahler und Bezugsort ein die Gammastrahlung absorbierender Stoff, so wird durch ihn die ursprünglich vorhandene Strahlungsintensität I_o auf die relative Intensität $q = I/I_o$ geschwächt. Wegen dieser Schwächung kann die oben definierte Toleranzaktivität entsprechend erhöht werden; wir erhalten daher eine relative Toleranzaktivität A_{qT} (1 m):

$$A_{qT} = A_T / q = D_T / I_\gamma \cdot q$$

Hingegen wird bei Vorhandensein eines Absorbers das Toleranzabstandsquadrat

$$f_T^2 = A \cdot I_\gamma / D_T$$

um den gleichen Anteil der nichtabsorbierten Strahlung erniedrigt, so daß für das relative Toleranzabstandsquadrat f_{qT}^2 gilt:

$$f_{qT}^2 = A \cdot q \cdot I_\gamma / D_T \quad \text{oder}$$

$$A = D_T \cdot f_{qT}^2 / I_\gamma \cdot q$$

Speziell wird eine monoenergetische Primärstrahlung von einem Absorber exponentiell mit der Schichtdicke d des Absorbers geschwächt, so daß gilt:

$$I_{pr} = I_o \cdot e^{-\mu d} \quad \text{d.h.}$$

$$q_{pr} = e^{-\mu d}$$

Hierin bedeutet μ den Absorptionskoeffizienten der vorliegenden Absorbersubstanz für die betreffende Strahlung.

Das ebengenannte Exponentialgesetz gilt jedoch nur für die Primärstahlung eines monoenergetischen Strahlers. Da in jedem Absorber durch die Wechselwirkung der Primärstrahlung mit dessen Atomen eine Sekundärstrahlung vielfacher Natur erzeugt wird, ist für eine genauere Berechnung der Strahlenschwächung durch einen Absorber diese Sekundärstrahlung zu berücksichtigen.

U.a. hängt die Sekundärstrahlenbildung von der Ordnungszahl des Absorbermaterials ab, wobei jede darin enthaltene Atomart gesondert berücksichtigt werden muß. Ganz besonders macht sich dies bei dicken Absorberschichten bemerkbar, da sich in diesen ein stärker werdender Anteil von Sekundärstrahlung bildet. Hinter sehr dicken Schichten kann daher eine 10 bis 100-fache und noch stärkere Gesamtstrahlendosis gemessen werden als dem reinen Primärstrahlungsanteil entsprechen würde.

In den früheren Strahlenschutz- bzw. Strahlungsabsorptionstabellen ist dieser sogenannte Aufbaufaktor (Verhältnis der Gesamtdosis zur Primärstrahlungsdosis) nicht berücksichtigt worden. Für eine genaue Berechnung insbesondere für dicke Strahlenschutzwände ist dies jedoch unbedingt erforderlich. Leider kann man die sogenannte Aufbaufunktion der Gesamtstrahlung in Abhängigkeit von der Absorberdicke nicht geschlossen angeben.

Sie wird im folgenden mit

$$B\,(\mu d) = I/I_o \;(= q)$$

bezeichnet.

Sie hängt von einer ganzen Reihe von Größen ab: Energie der Primärstrahlung, Ordnungszahl des durchstrahlten Materials, Schichtdicke, Ausdehnung und geometrischer Form des Absorbers und des Strahlers, Anordnung von Strahler und Absorber sowie Art und Anordnung des umgebenden Materials (Streuung bzw. Rückstreuung).

Die Aufbaufunktion $B\,(\mu d)$ kann daher nur für bestimmte gegebene Einzelfälle schrittweise in langwieriger Rechenarbeit ermittelt werden[12].

Um die als maximal zulässige Wochendosis festgelegte Strahlungsmenge nicht zu überschreiten, kann man bei gegebener Strahlerstärke entweder die Einwirkungsdauer der Strahlung begrenzen oder den Abstand vom Strahler erhöhen oder die Strahlung durch eine Schutzwand schwächen. Nach Möglichkeit kombiniert man diese drei Maßnahmen. Die beigefügten Diagramme 26, 27, 28 sind die graphische Wiedergabe der unter Berücksichtigung der Aufbaufunktion ermittelten Strahlenschutzwandstärken für Blei, Eisen und Baryt für den Fall eines punktförmigen Co60-Strahlers. Aus ihnen lassen sich die nötigen Strahlenschutzwandstärken bei gegebenen Abständen und Strahlerstärken ablesen, wobei es gleichgültig ist, welche der drei Größen vorgegeben ist. Da alle Toleranzdosiswerte auf eine Arbeitszeit von sieben Stunden bezogen sind, lassen sich dementsprechend die Aktivitäten für kürzere Einwirkzeit der Strahlung ebenfalls leicht ermitteln.

Die für das Diagramm berechneten Strahlenschutzwandstärken unterscheiden sich merklich von den in der früheren Literatur angegebenen Werten auf Grund der Berücksichtigung des Aufbaufaktors der Sekundärstrahlung. Dies hat zur Folge, daß die sonst für gleiche Materialdickenunterschiede äquidistanten Parallelen mit zunehmender Wandstärke größere Abstände haben. Das bedeutet, daß bei stärkeren Quellen erheblich größere Schutzdicken verwendet werden müssen, als man bis dahin annahm[13]. Unsere Rechnungen werden bestätigt durch die vom National Bureau of Standards, Washington, für die wichtigsten Fälle experimentell

---

12. s. U. FANO. Nucleonics 11 (1953) Heft 8, 8-12; Heft 9, 55-61
13. K. SAUERWEIN, "Die Atomwirtschaft" 3 (1958), 103-110

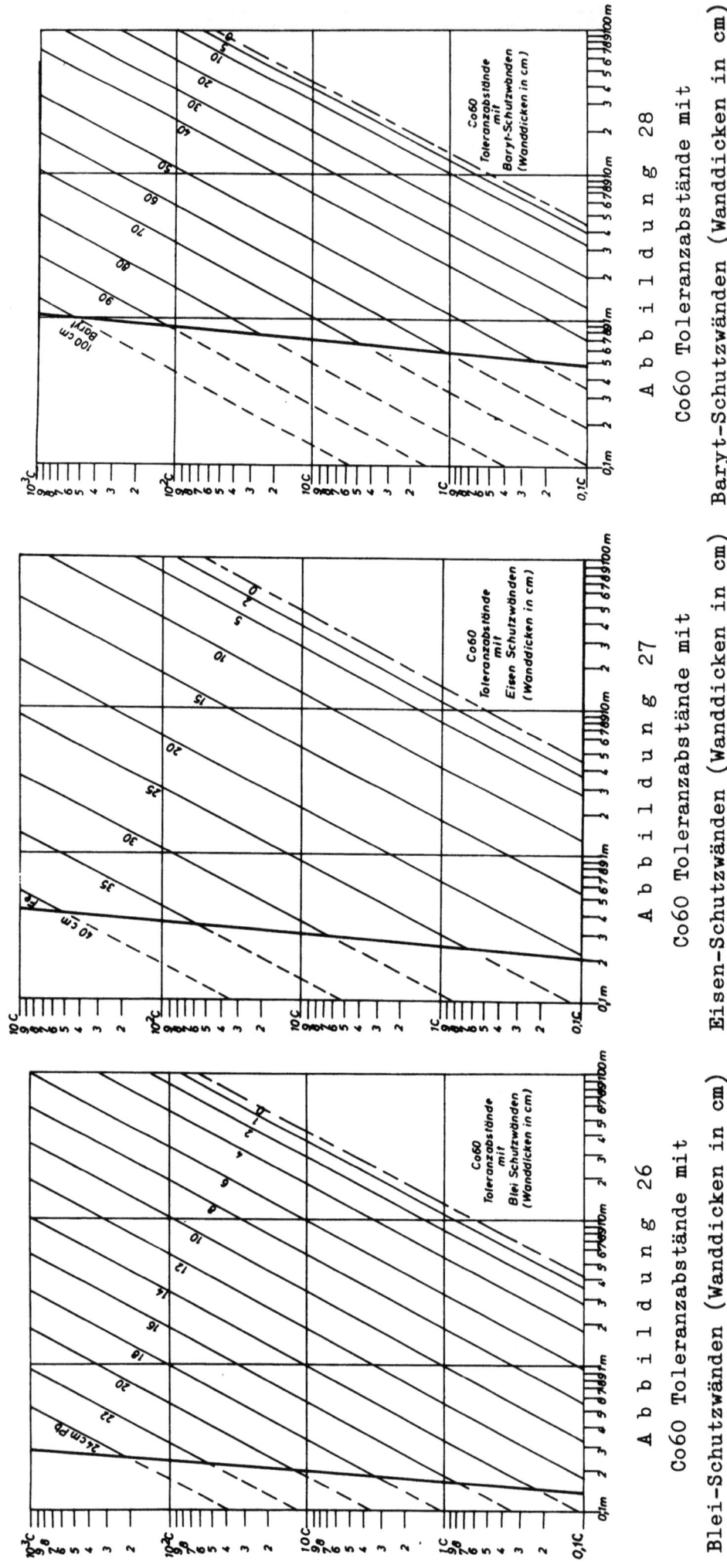

Abbildung 26
Co60 Toleranzabstände mit Blei-Schutzwänden (Wanddicken in cm)

Abbildung 27
Co60 Toleranzabstände mit Eisen-Schutzwänden (Wanddicken in cm)

Abbildung 28
Co60 Toleranzabstände mit Baryt-Schutzwänden (Wanddicken in cm)

Den Diagrammen liegt die bisher festgelegte Toleranzdosis von 300 mr je Woche zugrunde ermittelten Strahlenschutzdiagramme[14]. - Ebenso führte die Anwendung der Berechnungsunterlagen für Gammastrahlen höherer Energie zu übereinstimmenden Ergebnissen mit Messungen über die Absorption der Gammastrahlen einer Elektronenschleuder (31 MeV-Betatron der Fa. Brown, Boveri & Co., Baden/Schweiz).

b) Isotopenlaboratorium für das Arbeiten mit offenen Präparaten

Während beim Umgang mit geschlossenen Strahlern nur relativ einfache und leicht erfüllbare Vorschriften zu beachten sind, gelten derartige Richtlinien bei der Handhabung sogenannter offener Präparate nur als eine der grundsätzlichen Voraussetzungen. Als offene Präparate bezeichnet man radioaktive Stoffe, die nicht ständig von einer allseitig dichten, festen inaktiven Hülle umschlossen sind. Sie können als feste Stoffe, als Pulver, Flüssigkeiten oder Gase vorliegen[15].

Die hier notwendigen strengen Schutzmaßnahmen wirken sich nicht nur auf die Handhabung der offenen Präparate selbst aus, sondern zunächst vor allem auf Anlage und - meist sehr aufwendiger - Einrichtung dieser Laboratorien und sonstige Arbeitsstätten für offene Strahler.

Den Grundriß eines einfachen Isotopen-Laboratoriums, in welchem radioaktive Stoffe mit geringen Aktivitäten gehandhabt werden könne, zeigt Abbildung 29.

Bei nicht allzu großen Gamma-Aktivitäten ist bautechnisch auch kein besonderer Aufwand notwendig. Notfalls müssen die Wände gegen Nachbarräume so weit verstärkt werden, daß die maximal zulässige Dosisleistung an keiner Stelle der angrenzenden Räume erreicht wird.

Hingegen ist eine Fülle technischer Vorkehrungen auch schon bei der Behandlung relativ schwacher Aktivitäten zu treffen, ebenso eine ganz spezielle Arbeitshygiene einzuhalten und nur Personal mit sorgfältiger Sonderausbildung für derartige Arbeiten zu beschäftigen. Die vielen hierbei auftretenden Fragen sollen hier nicht besprochen werden, zumal eine umfangreiche Fachliteratur, besonders in England und USA über dieses Problem existiert[16].

---

14. veröffentlicht im Handbook 54, N.B.S., Washington
15. s.a. R. BERTHOLD und O. VAUPEL "Das Risiko beim Umgang mit radioaktiven Isotopen", Die Atomwirtschaft 2 (1957) 88-94
16. Zusammenfassende Artikel: K. SAUERWEIN, Die Atomwirtschaft 2 (1957), 114-116, sowie K. SAUERWEIN, Verhandlungen der Deutschen Gesellschaft für Arbeitsschutz 5 (1958), 132-143

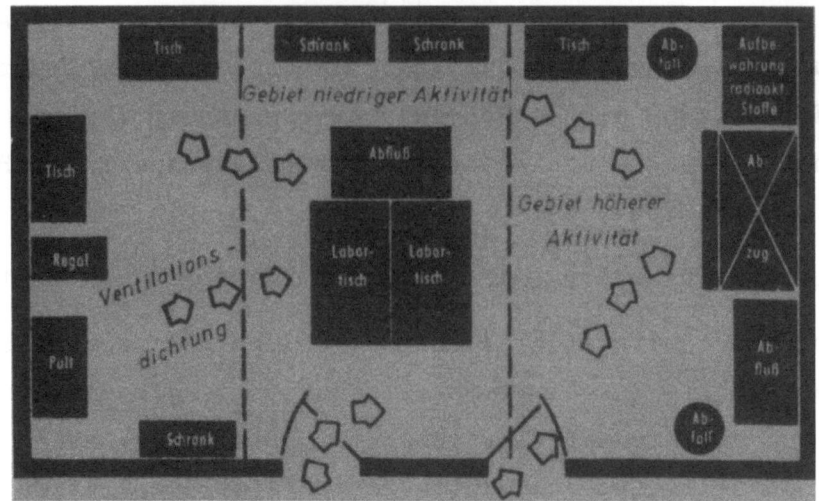

Abbildung 29

Laboratorium für Arbeiten mit radioaktiven Isotopen geringer Aktivität

(Aus Bradford, "Radioisotopes in Industry")

4. Prüfung von Baumaterialien

Außer den angeführten Berechnungen für den Strahlenschutz wurden auch Baustoffe hierfür praktisch geprüft. Ein Beispiel ist eine Vergleichsuntersuchung über das Verhalten von Beton, Lava und Basalt gegenüber Gamma-Strahlung.

Aus dem oben Gesagten folgt, daß Gamma-Strahlung in erster Näherung gemäß der Gleichung $I = I_o \cdot e^{-\mu d}$ in einem Material der Dicke d absorbiert wird. Hierin ist der Absorptionskoeffizient μ bei gegebener Gamma-Energie ungefähr proportional der Dichte des Materials. - Die oben erwähnte Abhängigkeit des Absorptionskoeffizienten von der Ordnungszahl der im betreffenden Material vorhandenen Elemente ist zwar für die Absorption in sehr dicken Schichten maßgeblich, doch spielt sie bei den drei untersuchten Baustoffen praktisch keine Rolle, da sie bezüglich ihrer Ordnungszahlen nicht sehr verschieden sind. - Sie unterscheiden sich jedoch erheblich in ihrer Dichte: Lava und Beton 2,2 g/cm^3, Basalt [17] 3,0 g/cm^3. -

Betrachtet man die Strahlenschwächung als Funktion des Flächengewichts, d.h. des Produktes aus Dicke und Dichte des Materials, so muß eine diesbezügliche Absorptionskurve für verschiedene Stoffe ähnlicher

---

17. Verwendet wurde Basalt der Fa. Dolerit-Basalt A.G., Köln

Ordnungszahl nahezu gleich ausfallen. Genau dieses Resultat zeigt
Abbildung 30, die die Absorption von Co60-Gamma-Strahlung in den drei
Baustoffen wiedergibt. Entsprechende Resultate wurden mit den Gamma-
Strahlen geringerer Energie des Iridiums (vgl. Tab. 8) erzielt, ebenso
unter wesentlich verschiedenen räumlichen Meßbedingungen, bei denen der
gebildete Sekundärstrahlenanteil wesentlich verschieden war.

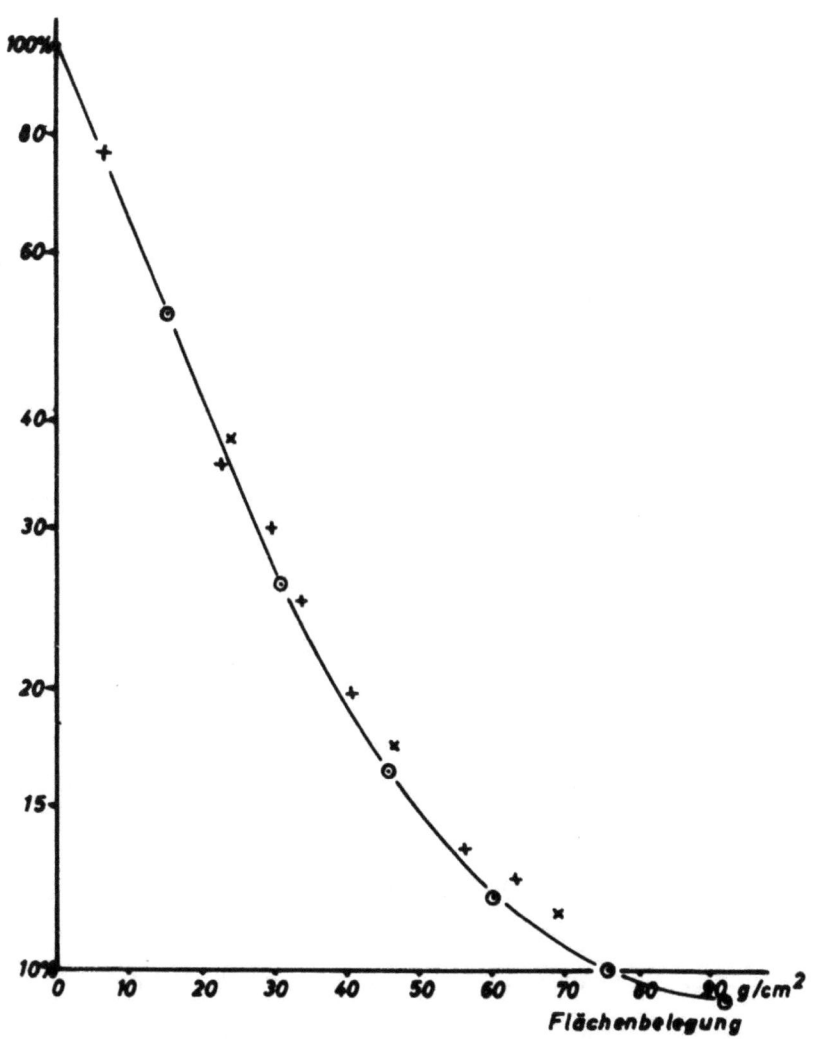

A b b i l d u n g 30
Schwächung der Kobalt-60-Strahlung
Strahler Co-60   Absorber:
                Dolerit-Basalt   ☉
                Lava   +
                Beton   x

Die Ergebnisse der verschiedenen Meßreihen bedeuten, daß die Absorption der Gamma-Strahlen in allen drei Stoffen je Gewichtseinheit ungefähr die gleiche ist, und daher die Abschirmwandstärke von Basalt entsprechend seiner höheren Dichte um ein Drittel geringer sein kann. - Darüber hinaus dürften die mechanischen und thermischen Eigenschaften des Basalts für viele Strahlenschutzzwecke besonders günstig sein.

5. Füllstandsmessung

Nach dem gleichen Prinzip der Strahlungsabsorption arbeitet die Pegelstandsmessung mit Gammastrahlung. Die Gammastrahlung eines Radioisotops durchdringt beidseitig die Wände des zu überwachenden Raumes und der gegenüber dem Strahler angebrachte Detektor (Geigerzähler oder Ionisationskammer) empfängt einen sehr unterschiedlichen Strahlungsanteil je nach Höhe des Füllgutes. Auf diese oder ähnliche Weise lassen sich Säurebehälter, Gießpfannen, Kesselwagen und dergleichen mit Strahler und Zählrohr abtasten. Ein Beispiel dieser Art ist eine von uns entworfene Füllstandsanlage für Transportbehälter von flüssigem Eisen: Aus wärmewirtschaftlichen Überlegungen wird ein Teil des geschmolzenen Roheisens nicht in Blöcke gegossen, sondern in flüssiger Form in großen Gießpfannen zur Gießerei befördert. Die Pfannen dürfen aus Transportgründen nur bis zu 60 cm vom oberen Rand gefüllt werden. Da die Ausmauerung der Pfannen laufend stark verschleißt, ist eine Abschätzung der Füllhöhe durch Wägung zu ungenau. Die radioaktive Messung erfolgt so, daß sich an der einen Seite der Gießpfanne ein Kobaltstrahler und ihm gegenüber ein Zählrohr befindet, deren Einstellhöhen gekoppelt veränderlich sind, um sie für die verschiedenen Größen von Pfannen und Wagen verwenden zu können. Das Anzeigegerät für das Zählrohr ist in einer Meßwarte untergebracht. Durch eine Steuervorrichtung wird der Strahlengang für die Kobaltquelle erst freigegeben, wenn sich die Gießpfanne am Füllort befindet. Ein optisches und ein akustisches Signal meldet, wenn die richtige Füllung der Pfanne erreicht ist.

Wie ein erfolgreicher Versuch in einem weitgehend automatisch gesteuerten Kalkwerk ergab, kann die Füllung von Kalköfen nach dem gleichen Prinzip vorgenommen werden, wobei die Nachfüllung der Kalksteine von einem Mindeststand an bis zum Sollfüllstand selbsttätig ausgelöst wird.

6. Dickenmessung

Eine weitere sehr zweckmäßige praktische Nutzung der Strahlenschwächung beim Durchgang durch die Materie ist durch die Dickenmessung auf radioaktiver Grundlage gegeben. Wie bereits erwähnt, stellt die von einem Stoff durchgelassene Strahlungsintensität ein sehr genaues Maß für die Belegungsdicke dieses Stoffes dar; sie ist gleich der Materialdicke multipliziert mit dem spezifischen Gewicht des vorliegenden Materials. Da die Dicke vieler Stoffe während der Herstellung laufend kontrolliert werden muß, war man bis vor wenigen Jahren genötigt, durch mehr oder weniger ungenaue mechanische Vorrichtungen (Taststifte, Gleitrollen und dergl.) eine laufende oder zeitweilige Prüfung des hergestellten Materials vorzunehmen. Bei Benutzung radioaktiver Dickenmeßanlagen kann man statt dessen berührungsfrei aus der Absorption der Strahlung sowohl die Absolutstärke des durchlaufenden Materials als auch die Abweichungen von der vorgeschriebenen Sollstärke augenblicklich und nahezu beliebig genau messen: Ein Strahler, der sich unter dem zu messenden Produktionsgut befindet, sendet seine Strahlung nach dem darüber angebrachten Strahlungsdetektor, der außerordentlich empfindlich auf geringste Absorptionsschwankungen reagiert. Die auf einem Schreiber registrierten Abweichungen können während des Durchlaufs durch automatische Regelung ausgeglichen werden. Man kann auf diese Weise sowohl feinste Folien aus Kunststoffen, Papier, Gummi usw. als auch Blechbänder oder Stahlwalzgut exakt messen (Abb. 31). Eine Anlage dieser Art wurde in Deutschland bereits vor 7 Jahren entwickelt[18], bei deren praktischer Ersteinführung wir in Nordrhein-Westfalen Anfang 1951 mitwirkten.

Zur vollkommenen Erfassung der verschiedenen Dickenbereiche verwendet man, ähnlich wie bei der Gammographie, eine Reihe von Strahlern, von denen einige ß-Strahler in der Tabelle 9 angegeben sind. Für dickere Metallerzeugnisse setzt man einige der Strahler ein, die für die Gammographie verwendet werden (Tab. 8).

---

18. Hersteller Frieseke & Hoepfner, Erlangen

Forschungsberichte des Wirtschafts- und Verkehrsministeriums Nordrhein-Westfalen

T a b e l l e 9

Künstlich radioaktive Betastrahler für die Dickenmessung

Atomart	Halbwertszeit	E_{max} (MeV)	Reichweite in Al (g/m^2)	Ungefährer Anwendungsbereich (g/m^2)
C14	5570 Jahre	0,15	300	3 – 80
S35	87 Tage	0,17	300	3 – 80
Ca45	160 Tage	0,25	640	8 – 200
Co60	5,2 Jahre	0,31	800	8 – 200
Cs137	30 Jahre	0,52	1 700	20 – 200
Tl204	4,1 Jahre	0,87	3 000	30 – 1500
Sr90+Y90	28 Jahre	2,2	11 000	50 – 6000
Ru106	1 Jahr	3,5	17 000	80 – 9000

Abbildung 31
Dickenmeßanlage im Betrieb
unter dem Band: Strahler
darüber: Detektor

7. Bestimmung des Rußgehaltes in Gasen und Messung der Bodendichte

Wie bereits bei der Dickenmessung erklärt wurde, stellt der Strahlungsanteil, der von einem Stoff durchgelassen wird, ein Maß für die Belegungsdicke des absorbierenden Stoffes dar, das bedeutet bei bekannter Dicke des vorliegenden Materials ein Maß für sein spezifisches Gewicht oder seine Dichte. Das hierauf beruhende Verfahren ist vor allen Dingen für die Messung der Dichte von Gasen sehr geeignet, wobei man weiche (energiearme) ß-Strahler oder sogar α-Strahler (die noch leichter absorbierbar sind) zur Messung geringer Gasmengen verwenden kann. Wie bei der Dickenmessung ist wiederum der auf den Detektor fallende Strahlungsanteil ein genaues Maß für die dazwischen befindliche Materie. Für einen praktischen Fall der chemischen Industrie konnten wir auf diese Weise den Rußanteil in einem Kohlenstoff-CO_2-Gemisch, von dessen richtiger Zusammensetzung das einwandfreie Funktionieren der angeschlossenen Brennkammer abhing, auf einige Prozent genau bestimmen.

Nach dem gleichen Prinzip kann man auch die Dichte des Erdbodens messen. — Für die Bundesanstalt für Straßenbau, Köln, sollte die günstigste Meßausstattung und ein geeigneter Strahler ausgewählt, sowie die notwendige, für verschiedene Meßbereiche ausreichende, Aktivität berechnet werden.

Ein Ir-192 Strahler und ein Miniaturzählrohr wurden gegenüberliegend in einer Rohrgabel angebracht. Die unten ausgespitzte Gabel wird in das zu untersuchende Erdreich gerammt, so daß die zwischen den Sonden liegende Erde die Strahlung teilweise absorbiert. Die gemessene Absorption ist ein Maß für die Bodendichte. Die Meßergebnisse waren sehr zufriedenstellend, die Genauigkeit entsprach den gestellten Anforderungen. Die geschilderte Meßmethode bietet große Vorteile gegenüber den üblichen, bei denen Erdproben entnommen, vermessen und gewogen werden müssen. Diese Bestimmungen besitzen große Fehlermöglichkeiten und sind viel langwieriger als die hier benutzte Absorptionsmethode.

8. Streustrahlenmessung an Röntgengeräten

Im Auftrage der Landesschirmbildstelle, Düsseldorf, war die Streustrahlenverteilung in der Umgebung der transportablen bzw. der fahrbaren Röntgengeräte zu überprüfen, insbesondere auf etwaige überhöhte Dosisleistungen am Schalttisch und anderen üblichen Aufenthaltsorten der Röntgen-Assistentinnen. Die mittels gegenseitiger Kontrolle von Zählrohr und Ionisationskammer vorgenommenen Prüfungen ergaben stellenweise erhebliche Überdosen, die durch einfachen Umbau der Geräte bzw. Einziehung der notwendigen Bleiwände klar behoben werden konnten.

9. Körperschäden durch Verwendung thoriumhaltiger Röntgenkontrastmittel

Die vor etwa 20 Jahren eingeführte Methode, thoriumhaltige Lösungen als Kontrastmittel zur Erzielung guter Röntgenaufnahmen in die Körperteile der Patienten einzuspritzen, hat zu schweren Spätschädigungen der Betroffenen geführt durch die durchweg sehr hohen Strahlungsdosen in der Umgebung der radioaktiven Kontrastmittel.

Vergleichsmessungen an Patienten und an Körperphantomen ergaben die Stärke und Ausdehnung der radioaktiven Infizierung. Die mit dem Zählrohr aufgenommenen Daten ergaben örtliche Strahlendosen bis zu einigen 100 000 Röntgen oder mit anderen Worten eine vollständig innere Gewebeverbrennung an den betreffenden Stellen. Möglichkeiten zur nachträglichen Entfernung des seit langen Jahren im Körper eingebauten Thoriumoxyds bestehen kaum.

10. ß-Strahlen für die Hauttherapie

ß-Strahlen haben eine eng begrenzte Reichweite im organischen Gewebe. Demzufolge eignen sich ß-Strahler ideal zur Oberflächenbehandlung, da im Gegensatz zur Röntgenbestrahlung tiefer liegende Schichten dabei nicht mitbetroffen werden. - Als besonders geeignet für die Hauttherapie schlugen wir die reinen ß-Strahler Strontium 90 mit Tochtersubstanz Yttrium 90 vor wegen ihrer hohen Strahlungsenergie und langen Lebensdauer (Halbwertszeit 28 Jahre).

In eingehenden Messungen mit Zählrohr, Ionisationskammer und fotografischem Film wurden in Zusammenarbeit mit der Hautklinik der Medizinischen Akademie[19], Düsseldorf, die Absorptionsverhältnisse und die Eindringtiefe der Strahlung in gewebeähnlichen Schichten ermittelt (Abb. 32) und ihre Verwendbarkeit für therapeutische Zwecke festgestellt. Die klinischen Untersuchungen bestätigten den physikalisch erwarteten Befund.

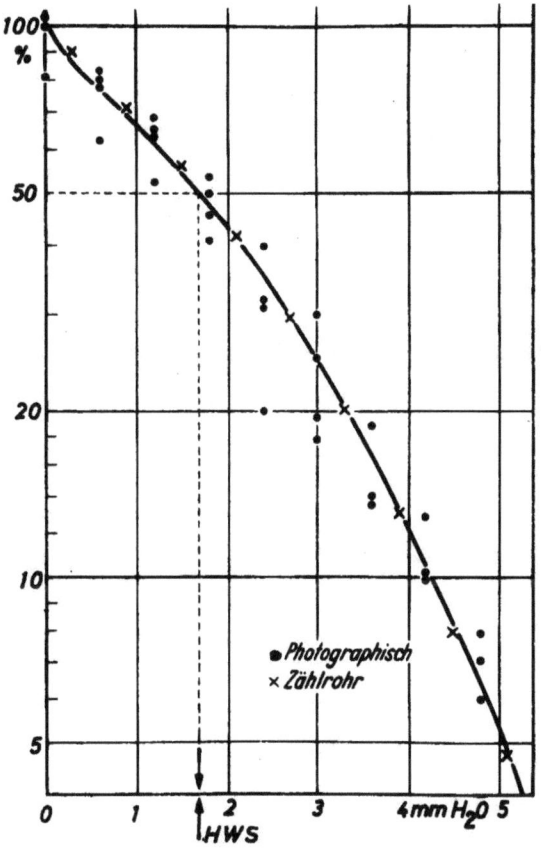

A b b i l d u n g 32

Schwächung der Strahlung von Sr-90 und Y-90 in Wasser

Fußnote 19) siehe Seite 70

Zur Behandlung werden die ß-Strahler meist als Folie von gleicher Form auf die kranken Körperstellen aufgelegt. In der Hauttherapie sind die Radioisotopen Sr 90 + Y 90 inzwischen vielerorts erfolgreich angewendet worden.

III. Weitere Isotopen-Anwendungsarten

Vorstehend wurden Arbeiten über die Anwendung von Leitisotopen und der Strahlenschwächung beschrieben. In der Einleitung sind noch zwei weitere Verfahren der Isotopen-Anwendung genannt worden: Die der Strahlenwirkung und der Energienutzung. Mit diesen jüngsten Zweigen der Isotopenforschung befassen sich im Ausland eine Reihe von Instituten zum Teil ausschließlich, während in Deutschland bisher nur vereinzelt von den neu gewonnenen Möglichkeiten Gebrauch gemacht worden ist.

Im folgenden soll kurz über die beiden Verfahren berichtet werden.

1. Strahlenwirkung

Radioaktive Strahlung hinterläßt beim Durchgang durch Materie in ihr eine gewisse Ionisierung, in spürbarem Ausmaß allerdings erst bei größeren Strahlungsintensitäten. - Diese Erscheinung kann physikalische, chemische, biologische und sonstige Folgen haben. -

a) physikalische Wirkung

Am besten ist diese in Luft oder Gasen ersichtlich, da deren elektrische Leitfähigkeit durch Ionisierung erhöht wird. Hierauf beruht beispielsweise die Messung von radioaktiver Strahlung in einer Ionisationskammer.

Technisch nutzt man diesen Sachverhalt auf folgende Weise aus:
An Maschinen oder Anlagen, die der Herstellung oder Verarbeitung von Isolierstoffen dienen, treten oft gefährliche oder störende elektrische Ladungen auf. Macht man die Luft in der Umgebung der geladenen Teile durch Ionisierung mittels intensiver α - oder ß-Strahlung elektrisch leitfähig, so kann die schädliche Auflagerung durch die Luft abfließen. Man bringt hierzu die α-Strahler, meist Radium, oder ß-Strahler, meist

---

19. s. Th. SCHREUS, W. GAHLEN und K. SAUERWEIN:
"Archiv für Dermatologie und Syphilis" 200 (1955), 158

Strontium-90, - als bandförmige Folien in festen Stäben oder ringförmig gefaßt - möglichst nahe der Aufladungsstelle an.

Probleme dieser Art sowie damit zusammenhängende Strahlenschutzfragen wurden von uns vor allem in der chemischen und in der Textilindustrie bearbeitet.

b) chemische Wirkung

Außer der rein physikalischen Wirkung - der Ionisierung von Stoffen -, die durch das Auftreffen radioaktiver Strahlung in diesen hervorgerufen wird, ist auch in vielen Fällen eine Änderung des chemischen oder biologischen Verhaltens der bestrahlten Materie zu beobachten.

Mit der Möglichkeit, entweder chemische Reaktionen durch Strahlung auszulösen, ihren Ablauf zu beschleunigen bzw. abzuändern oder ihre Stoffeigenschaften in gewünschter Weise zu beeinflussen, befaßt sich die in den letzten Jahren immer bedeutungsvoller gewordene <u>Strahlenchemie</u>. Dieses Gebiet dürfte der chemischen Technik in naher Zukunft völlig neue Wege weisen, da es mit strahlenchemischen Methoden gelingt, viele Stoffe, die man bisher nur mit sehr schwierigen chemischen Verfahren herstellen konnte, durch γ-Bestrahlung direkt aus ihren Grundbestandteilen "zusammenzusetzen"; z.B. kann man plastische Polyäthylene durch Bestrahlung von gewöhnlichem Äthylengas gewinnen. Meist beruht die Strahlenwirkung auf Vernetzung, Poly- oder Depolymerisation der vorliegenden Materie. Als Folge der Bestrahlung können sich z.B. ändern: Farbe, Durchsichtigkeit, Siede- und Schmelzpunkt, Elastizitätsmodul und Reaktionsvermögen des bestrahlten Stoffes.

Bei einem technischen Chlorierungsprozeß im Laboratoriumsmaßstab konnten wir bereits mit sehr schwachen Co-60- und Ir-192-Strahlungsquellen erheblich bessere Ausbeuten erzielen, als es mit der sonst angewandten Ultraviolettbestrahlung möglich ist. Bestrahlung von Gewebefasern mit einigen Million Röntgen wurden zur Veränderung der elastischen Eigenschaften und Beobachtung von Alterungserscheinungen veranlaßt.

c) biologische und sonstige Strahlenwirkung

Die biochemische Wirkung der Bestrahlung kann man technisch und auch wirtschaftlich günstig auswerten zur Abtötung von Keimen bei der "kalten Sterilisierung" von Lebensmitteln durch γ-Strahlung. - Für die Biochemie ist es möglich, mit strahlungsinduzierten Mutationen neue

Pflanzensorten zu ziehen, und für die Medizin ist die Beseitigung bösartiger Geschwülste durch radioaktive Strahlungsquellen von größter Bedeutung.

2. Nutzung der Strahlen-Energie

Der Umwandlung radioaktiver Strahlenenergie in andere Energieformen kommt bisher in der Praxis zwar nur eine bescheidene, jedoch eine umso größere prinzipielle Bedeutung für die technische Entwicklungsmöglichkeit zu. Bisher sind drei Wege beschritten worden, die radioaktive Strahlungsenergie in andere Energieformen umzuwandeln, in optische, elektrische und in mechanische Energie.

a) optische Energie

Von den Leuchtzifferblättern an Uhren und Meßgeräten sowie von den Notbeleuchtungsanstrichen in Schiffen, Flugzeugen und Kellerräumen her ist die Umwandlung der α-Strahlungs-Energie natürlich radioaktiver Stoffe (meist Thoriumderivate) bekannt. Vorteilhafter verwendet man neuerdings viel harmlosere, künstlich radioaktive ß-Strahler, wie z.B. Tritium (H^3), für diesen Zweck. Neu ist ferner die Möglichkeit, künstliche Radioisotope auch zur Anregung von Lumineszenzlicht in Leuchtstoffröhren einzusetzen, welche dann viele jahrzehntelang ohne äußere Energiezufuhr wartungsfrei als Lichtquellen benutzt werden können, z.B. für weit abgelegene Leuchtbojen und dergleichen.

b) elektrische Energie

Von α- und ß-Strahlern werden elektrisch geladene Teilchen ausgesandt. Fängt man diese Partikel isoliert von der Strahlenquelle auf, so bildet sich eine Potentialdifferenz zwischen dem Auffänger und dem umgekehrt geladen zurückbleibenden Strahler aus. Die Zahl der aufgefangenen Ladungsträger ist zwar, in praktischen elektrischen Maßeinheiten gemessen, sehr klein, die erreichte Spannung dagegen entsprechend der ausgestrahlten Teilchenenergie sehr hoch, so daß Strahler von wenigen mC bereits eine nachweisbare elektrische Leistung ergeben.

Für die Praxis ist es meist unbequem, mit Kleinstbatterien sehr hoher Spannung, bis zu Millionen von Volt, zu arbeiten. Man wandelt daher mit Hilfe von Halbleitern die wenigen Elektronen hoher Energie in sehr viele Elektronen niedriger Energie um und gewinnt damit Niederspannungsbatterien höherer Stromstärke.

c) mechanische Energie

Die eben beschriebene Trennung von Ladung und Ladungsträger durch die Isolierung des ß-Strahlers von seinen ausgesandten Elektronen kann man auch zur Erzeugung von mechanischer Energie auf folgende Weise verwenden: Den ß-Strahler bildet man als Rotorplatte aus, den isolierten Elektronenauffänger als einen diesen umgebenden Stator. Durch geschickte Ausnutzung der elektrischen Anziehungskräfte kann man den Rotor in Drehung versetzen und somit unmittelbar Energie, die aus dem Atomkern stammt, in mechanische Energie verwandeln. Außer auf die große prinzipielle Bedeutung besonders der letzten Energieumwandlungsmöglichkeit sei auf die folgenden praktischen Vorteile radioaktiver Strahlungsquellen bei allen drei geschilderten Anwendungsarten hingewiesen:

1. Kleines Volumen der Energie-Quelle
2. Absolute Strahlungskonstanz bei Verwendung hinreichend langlebiger Isotope
3. Völlige Unabhängigkeit von äußerer Energiezufuhr.

Radioisotopen als Energiequellen dürften daher beispielsweise für Schwerhörigenbatterien ebenso vorteilhaft sein wie für Zwecke der Raumschiffahrt.

Da für die praktische Anwendung der Strahlungsnutzung bisher kaum ausreichend starke Quellen zur Verfügung standen, hat man von dieser Möglichkeit in Deutschland nur wenig Gebrauch gemacht, außer bei der Herstellung von Leuchtphosphoren.

Schluß

Die im Rahmen der vorstehenden Ausführungen geschilderten Versuche enthalten einen ausgewählten Querschnitt der in den Jahren 1950 - 57 durchgeführten Arbeiten meines Laboratoriums. Sie dürften eine praktische Vorstellung von dem umfangreichen Gebiet der Isotopenanwendung vermitteln, das im letzten Jahrzehnt eine schnell wachsende Bedeutung erlangt hat.

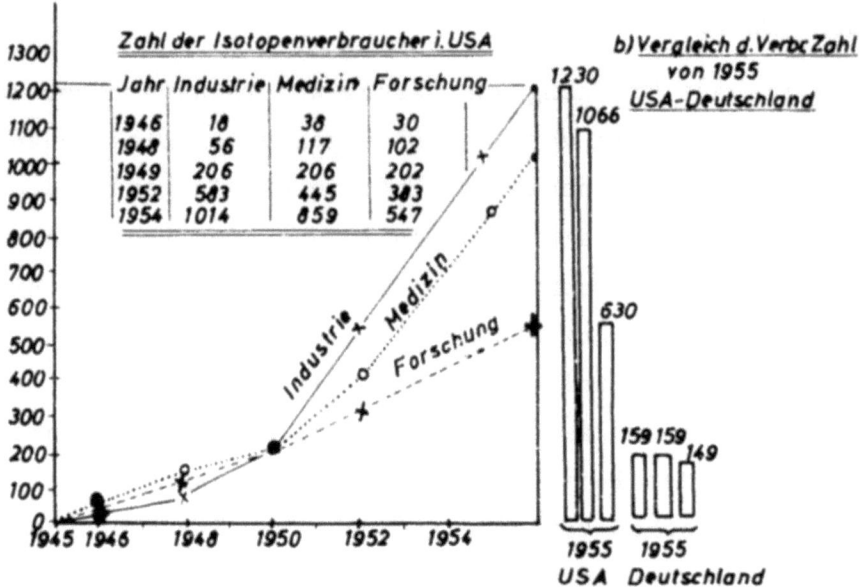

Abbildung 33

Entwicklung des Isotopenverbrauchs in den Vereinigten Staaten von Amerika in Technik, Medizin und Forschung; nebst Jahresvergleich USA - Bundesrepublik (1955)

In Abbildung 33 ist diese Entwicklung in den Vereinigten Staaten dargestellt an Hand der Zahl der Isotopenanwender. Der wiedergegebene Kurvenverlauf ist bezüglich der verschiedenen Gruppen von Isotopenverbrauchern typisch für alle Kulturländer: Anfänglich steht der Isotopenverbrauch in der Technik ganz im Hintergrund gegenüber dem in der Medizin und sonstiger Forschung, später wächst er weit über den der anderen beiden Gruppen hinaus. Der Zeitpunkt, an dem die Anwender der drei genannten Gruppen von annähernd gleicher Zahl sind, ist charakteristisch für den technischen Entwicklungsstand des betreffenden Landes. Wie Abbildung 33 zeigt, wurde er in den USA bereits 1950 erreicht, in England 1952, während Deutschland dagegen erst 1955 an diesem Punkt angelangt war.

In den letzten zwei Jahren ist erfreulicherweise in Deutschland das Interesse für die Atomforschung stark gewachsen. Hierbei steht die Isotopentechnik im allgemeinen zu Unrecht im Schatten der übrigen Gebiete der Kernphysik. Denn gerade bei der Isotopentechnik handelt es sich im Gegensatz z.B. zu der Reaktortechnik um einen Forschungszweig, der schon heute volkswirtschaftlichen Nutzen bringt. Es sollte daher unbedingt angestrebt werden, den großen Vorsprung des Auslandes in der Isotopentechnik einzuholen.

Dr. rer. nat. Kurt SAUERWEIN

FORSCHUNGSBERICHTE DES WIRTSCHAFTS- UND VERKEHRSMINISTERIUMS NORDRHEIN-WESTFALEN

Herausgegeben von Staatssekretär Prof. Dr. h. c. Dr. E. h. Leo Brandt

PHYSIK

HEFT 10
Prof. Dr. W. Vogel, Köln
„Das Streifenpaar" als neues System zur mechanischen Vergrößerung kleiner Verschiebungen und seine technischen Anwendungsmöglichkeiten
1953, 20 Seiten, 6 Abb., DM 4,50

HEFT 62
Prof. Dr. W. Franz, Institut für theoretische Physik der Universität Münster
Berechnung des elektrischen Durchschlags durch feste und flüssige Isolatoren
1954, 36 Seiten, DM 7,—

HEFT 103
Prof. Dr. W. Weizel, Bonn
Durchführung von experimentellen Untersuchungen über den zeitlichen Ablauf von Funken in komprimierten Edelgasen sowie zu deren mathematischen Berechnung
1955, 32 Seiten, 12 Abb., DM 9,10

HEFT 104
Prof. Dr. W. Weizel, Bonn
Über den Einfluß der Elektroden auf die Eigenschaften von Cadmium-Sulfid-Widerstands-Photozellen
1955, 48 Seiten, 12 Abb., DM 9,45

HEFT 107
Prof. Dr. H. Lange und Dipl.-Phys. P. St. Pütter, Köln
Über die Konstruktion von Laboratoriumsmagneten
1955, 66 Seiten, 19 Abb., 1 Tabelle, DM 12,30

HEFT 122
Prof. Dr. W. Fuchs †, Aachen
Untersuchungen zur Verbesserung der Wasseraufbereitung und Wasseranalyse:
Über die Schnellbewertung von Ionenaustauschern
1955, 48 Seiten, 32 Abb., DM 12,30

HEFT 125
Prof. Dr. E. Kappler, Münster
Eine neue Methode zur Bestimmung von Kondensations-Koeffizienten von Wasser
1955, 46 Seiten, 11 Abb., 1 Tabelle, DM 9,10

HEFT 141
Dr. J. van Calker und Dr. R. Wienecke, Münster
Untersuchungen über den Einfluß dritter Analysenpartner auf die spektrochemische Analyse
1955, 42 Seiten, 15 Abb., DM 9,10

HEFT 145
Dr. G. Hennemann, Werdohl (Westf.)
Beitrag zur Interpretation der modernen Atomphysik
1955, 34 Seiten, DM 10,—

HEFT 148
Prof. Dr. H. Bittel und Dipl.-Phys. L. Storm, Münster
Untersuchungen über Widerstandsrauschen
1955, 40 Seiten, 5 Abb., DM 8,40

HEFT 157
Dr. W. Jawtusch, Dr. G. Schuster und Prof. Dr.-Ing. R. Jaeckel, Bonn
Untersuchungen über die Stoßvorgänge zwischen neutralen Atomen und Molekülen
1955, 48 Seiten, 15 Abb., 3 Tabellen, DM 10,50

HEFT 169
Forschungsinstitut für Pigmente und Lacke, Stuttgart
Arbeiten über die Bestimmung des Gebrauchswertes von Lackfilmen durch physikalische Prüfungen
1955, 70 Seiten, 23 Abb., 4 Tabellen, DM 15,—

HEFT 174
Prof. Dr. phil. C. v. Fragstein, Dr. J. Meingast und H. Hoch, Köln
Herstellung von Solen einheitlicher Teilchengröße und Ermittlung ihrer optischen Eigenschaften
1955, 78 Seiten, 80 Abb., 4 Tabellen, DM 18,25

HEFT 178
Prof. Dr. M. v. Stackelberg und Dr. W. Hans, Bonn
Untersuchungen zur Ausarbeitung und Verbesserung von polarographischen Analysenmethoden
1955, 46 Seiten, 14 Abb., DM 10,50

HEFT 187
Dipl.-Ing. F. Göttgens, Essen
Über die Eigenarten der Bimetall-, Thermo- und Flammenionisationssicherungsmethode in ihrer Anwendung auf Zündsicherungen
1955, 40 Seiten, 6 Abb., 4 Tabellen, DM 8,40

HEFT 189
Fa. E. Leybold's Nachfolger, Köln
I. Ausgewählte Kapitel aus der Vakuumtechnik
II. Zum Verlust anorganisch-nichtflüchtiger Substanzen während der Gefriertrocknung
1955, 52 Seiten, 16 Abb., 3 Tabellen, DM 11,20

HEFT 194
Dr. K. Hecht, Köln
Entwicklung neuartiger physikalischer Unterrichtsgeräte
1955, 42 Seiten, 16 Abb., DM 9,90

HEFT 209
Dr. K. Bunge, Leverkusen
Materialabbau in Funkenentladungen. Untersuchungen an Zinkkathoden
1956, 54 Seiten, 10 Abb., 5 Tabellen, DM 11,40

HEFT 210
Dr. W. Porschen und Prof. Dr. W. Riezler, Bonn
Langlebige Alphaaktivitäten bei natürlichen Elementen
1955, 40 Seiten, 5 Abb., 4 Tabellen, DM 8,80

HEFT 233
Dr. H. Haase, Hamburg
Infrarot-Bibliographie *1956, 90 Seiten, DM 17,80*

HEFT 251
Prof. Dr. H. Bittel, Münster
Zur Statistik der ferromagnetischen Elementarvorgänge und ihren Einfluß auf das Barkhausenrauschen
1956, 52 Seiten, 14 Abb., DM 11,65

HEFT 259
Prof. Dr. W. Linke, Aachen
Strömungsvorgänge in künstlich belüfteten Räumen
1956, 52 Seiten, 37 Abb., 1 Tabelle, DM 11,80

HEFT 264
Prof. Dr. W. Weizel, Bonn
Durch schnelle Funkenzusammenbrüche ausgelöste Signale auf einer Leitung
1956, 26 Seiten, 4 Abb., 3 Tabellen, DM 6,10

HEFT 267
Prof. Dr. W. Weizel und B. Brandt, Bonn
Zur Stabilität stromstarker Glimmentladungen
1956, 36 Seiten, 7 Abb., DM 8,40

HEFT 299
Dr. J. Fassbender und W. Hoppe, Bonn
Eine photoelektrische Nachlaufeinrichtung für Analogie-Rechenmaschinen
1956, 20 Seiten, 8 Abb., DM 7,65

HEFT 326
Prof. Dr.-Ing. E. Essers, Dr.-Ing. J. Essers und Dipl.-Ing. J. Klein, Aachen
Deichselkräfte an Lastzügen
1957, 96 Seiten, 34 Abb., DM 22,10

HEFT 329
Dipl.-Ing. A. Krüger, Karlsruhe und Feuerwehr-Ing. R. Radusch, Dortmund
Wasserzerstäubung im Strahlrohr
1956, 78 Seiten, 21 Abb., 3 Tabellen, DM 18,65

HEFT 330
Dr.-Ing. E. Pepping, Aachen
Die Durchflußzahl des Rechteckschlitzes in einer sehr großen Wand
1957, 54 Seiten, 21 Abb., DM 12,35

HEFT 332
Prof. Dr.-Ing. R. Jaeckel und Dr. G. Reich, Bonn
Messung von Dampfdrucken im Gebiet unter 10^{-3} Torr
1956, 34 Seiten, 16 Abb., 2 Tabellen, DM 10,40

HEFT 334
Prof. Dr. W. Weizel und Dr. G. Meister, Bonn
Spektralanalyse durch Messung des Interferenz-Kontrastes
1956, 42 Seiten, 8 Abb., DM 9,30

HEFT 335
Prof. Dr. W. Weizel und H. Hornberg, Bonn
Untersuchungen der anodischen Teile einer Glimmentladung
1957, 50 Seiten, 19 Farbabb., 21 Abb., 1 Tab., DM 32,80

HEFT 341
Prof. Dr.-Ing. H. Winterhager und Dipl.-Ing. L. Werner, Aachen
Präzisions-Meßverfahren zur Bestimmung des elektrischen Leitvermögens geschmolzener Salze
1956, 44 Seiten, 19 Abb., 1 Tabelle, DM 10,60

HEFT 344
Prof. Dr.-Ing. W. Fucks, Aachen
Zur Deutung einfachster mathematischer Sprachcharakteristiken
1956, 38 Seiten, 12 Abb., DM 7,80

HEFT 356
Dipl.-Phys. G. Gurke, Aachen
Aufbau einer Meßanlage für Untersuchungen elektrischer Gasentladung im Bereiche großer p. d.-Werte
1956, 38 Seiten, 13 Abb., 1 Tabelle, DM 8,65

HEFT 357
Prof. Dr.-Ing. W. Fucks, Aachen
Mathematische Analyse der Formalstruktur von Musik
1958, 54 Seiten, 29 Abb., 16 Tabellen, DM 13,60

HEFT 361
Dipl.-Ing. H. F. Klein, Aachen
Die nichtstationären Strömungsvorgänge und der Wärmeübergang in einem Schwingfeuergerät
1957, 84 Seiten, 34 Abb., 4 Falttafeln, DM 25,90

HEFT 368
Prof. Dr. phil. H. Kaiser, Dortmund
Entwicklung betriebsmäßiger spektrochemischer Analysenverfahren für technische Gläser
1957, 40 Seiten, 11 Abb., DM 9,10

HEFT 369
Dipl.-Phys. F. J. Schittko, Bonn
Gasabgabe von Werkstoffen ins Vakuum
1957, 48 Seiten, 20 Abb., 6 Tabellen, DM 13,30

HEFT 375
Technischer Überwachungsverein e. V., Essen
Wanddickenmessungen mittels radioaktiver Strahlen und Zählrohrgerät
1958, 38 Seiten, 15 Abb., DM 9,55

HEFT 380
Dipl.-Phys. R. Trappenberg, Karlsruhe
Theoretische und experimentelle Untersuchungen zur Staubverteilung einer Rauchfahne
1957, 64 Seiten, 7 Abb., 18 Tabellen, DM 14,90

HEFT 386
Prof. Dr.-Ing. H. Opitz und Dipl.-Ing. O. Hake, Aachen
Standzeituntersuchungen und Verschleißmessungen mit radioaktiven Isotopen
1958, 36 Seiten, 33 Abb., 3 Tabellen, DM 12,75

HEFT 404
Prof. Dr. R. Jaeckel und Dipl.-Phys. F. Gross, Bonn
Die Löslichkeit von Gasen in schwerflüchtigen organischen Flüssigkeiten
1957, 46 Seiten, 17 Abb., 1 Tabelle, DM 11,50

HEFT 415
Prof. Dr.-Ing. W. Paul, Dr. rer. nat. O. Osberghaus und Dipl.-Phys. E. Fischer, Bonn
Ein Ionenkäfig
1958, 42 Seiten, 18 Abb., 2 Tabellen, DM 13,65

HEFT 419
Dipl.-Ing. K. Brocks, Mülheim Ruhr
Die Messungen der Reflexionseigenschaften künstlicher und natürlicher Materialien mit quasi-optischen Methoden bei Mikrowellen
1957, 78 Seiten, 52 Abb., DM 20,35

HEFT 420
Dipl.-Ing. M. Vogel, Oberpfaffenhofen
Das Spektralgebiet zwischen dem langwelligen Ultrarot und Mikrowellen
1957, 56 Seiten, 2 Abb., DM 13,50

HEFT 432
Dipl.-Phys. Dr. R. Werz, Bonn
Die Entwicklung einer Synchrozyklotron-Ionenquelle
1958, 122 Seiten, 90 Abb., 1 Tabelle, DM 30,30

HEFT 439
Prof. Dr. phil. H. Lange, Köln und Dr. rer. nat. R. Kohlhaas, Neuß/Rh.
Anwendung der thermomagnetischen Analyse zum Studium des Umwandlungsverhaltens von Eisenwerkstoffen im Temperaturbereich von $-150°C$ bis $+1500°C$
1958, 96 Seiten, 72 Abb., 2 Tabellen, DM 27,10

HEFT 443
Prof. Dr. phil. W. Weizel und K. Kluth, Bonn
Über die Struktur der positiven Gleitentladungen
1957, 44 Seiten, 30 Abb., DM 12,20

HEFT 450
Prof. Dr.-Ing. W. Paul, Bonn und Dipl.-Phys. H. P. Reinhard, M.-Gladbach
Das elektrische Massenfilter als Isotopentrenner
1958, 56 Seiten, 20 Abb., DM 13,50

HEFT 459
Prof. Dr. phil. F. Wever, Dr. phil. O. Krisement und H. Schädler, Düsseldorf
Ein isothermes Mikrokalorimeter zur kinetischen Messung von Umwandlungs- und Ausscheidungsvorgängen in Legierungen
1957, 32 Seiten, 14 Abb., DM 10,75

HEFT 460
Prof. Dr. phil. F. Wever und Dr. rer. nat. B. Ilschner, Düsseldorf
Ein isothermes Lösungskalorimeter zur Bestimmung thermo-dynamischer Zustandsgrößen von Legierungen
1957, 32 Seiten, 7 Abb., 4 Tabellen, DM 10,40

HEFT 502
Prof. Dr. M. Diem und Dr. R. Trappenberg, Karlsruhe
Berechnung der Ausbreitung von Staub und Gas
1957, 18 Seiten Text und 67 z. T. großformatige zweifarbige Diagramme, DM 37,30

HEFT 504
Prof. Dr. phil. F. Wever, Dr. phil. W. Wink und Dr. rer. nat. W. Jellinghaus, Düsseldorf
Versuchsanordnung zur Messung der Suszeptibilität paramagnetischer Stoffe und Meßergebnisse an Nickel-Chrom- und Kobalt-Nickel-Chrom-Werkstoffen
1958, 38 Seiten, 10 Abb., 2 Tabellen, DM 9,95

HEFT 507
Prof. Dr. H. Kaiser, Dortmund, Dr. G. Bergmann, Dortmund und Priv.-Doz. Dr. G. Kresze, Berlin
Kartei zur Dokumentation in der Molekülspektroskopie
1958, 34 Seiten, 3 Abb., 6 Tabellen, DM 11,90

HEFT 510
Prof. Dr. rer. nat. W. Groth, Dr.-Ing. K. Bayerle, Dr. rer. nat. H. Ihle, Dr. rer. nat. A. Murrenhoff, E. Nann und Dr. rer. nat. K. H. Welge, Bonn
Anreicherung der Uranisotope nach dem Gaszentrifugenverfahren
1958, 76 Seiten, 43 Abb., DM 21,20

HEFT 516
Prof. Dr.-Ing. H. Müller, Dipl.-Ing. F. Reinke und Dipl.-Ing. W. Sorgenicht, Essen
Gesamtstrahlungsmessungen der Temperaturstrahlung
1958, 82 Seiten, 18 Abb., DM 22,80

HEFT 519
Prof. Dr. phil. F. Wever, Dr. phil. W. Koch und Dr. phil. S. Eckhard, Düsseldorf
Die spektrographische Bestimmung der Spurenelemente in Stahl ohne vorherige Abbrennung
1958, 36 Seiten, 22 Abb., DM 12,60

HEFT 527
Dr. rer. nat. K. G. Müller, Hanau/W.
Wärmeübertragung auf eine Flugstaubströmung im senkrechten Rohr sowie auf eine durchströmte Schüttgutschicht
1958, 74 Seiten, 34 Abb., 7 Tabellen, DM 20,70

HEFT 537
Dr.-Ing. N. Gössl, Frankfurt/M.
Probleme der Zugförderung im Zusammenhang mit der Ausnutzung der Atom-Energie
1958, 116 Seiten, 28 Abb., 12 Tabellen, DM 29,90

HEFT 548
Prof. Dr.-Ing. K. Leist und J. Weber, Aachen
Spannungsoptische Untersuchungen von Turbinenscheiben mit angefrästen und eingesetzten Schaufeln
in Vorbereitung

HEFT 549
Dr.-Ing. R. Merten, Duisburg
Resonanzanpassung bei einem Tiefpaß
1958, 22 Seiten, 16 Abb., DM 9,—

HEFT 550
Dr. H. Stephan, Bonn
Elektrisches Standhöhenmeßgerät für Flüssigkeiten
1958, 26 Seiten, 13 Abb., 2 Tabellen, DM 10,10

HEFT 551
Prof. Dr. phil. W. Weizel und Dipl.-Phys. B. Brandt, Bonn
Betriebsbedingungen einer stromstarken Glimmentladung
1958, 68 Seiten, 18 Abb., DM 16,—

HEFT 567
Dr. rer. nat. K. Sauerwein, Düsseldorf
Anwendungen radioaktiver Isotope in der Technik

HEFT 583
Prof. Dr. phil. F. Kirchner, Dipl.-Phys. H. Baron und Dipl.-Phys. H. Kirchner, Köln
Verwendbarkeit von Zählrohren zu massenspektrometrischen Untersuchungen
1958, 12 Seiten, 5 Abb., DM 6,70

HEFT 590
Übergabe des Synchro-Zyklotrons an das Institut für Strahlen- und Kernphysik der Universität Bonn am 8. Mai 1957
1958, 52 Seiten, 16 Abb., DM 16,50

HEFT 594
Prof. Dr. A. Nikuradse, München
Energieabsorption von Atomkernstrahlen in organischen Stoffen und durch sie hervorgerufene Reaktionsprozesse
in Vorbereitung

HEFT 595
Prof. Dr. A. Nikuradse und Dipl.-Phys. K. Kugler, München
Einfluß der molekularen bzw. atomaren Beschaffenheit der Festwandoberflächenschicht auf die Wechselwirkung zwischen auftreffenden Gasmolekülen und der Wand
1958, 16 Seiten, 9 Abb., DM 8,40

HEFT 608
Prof. Dr. habil. W. Linke und Dipl.-Ing. W. Hufschmidt, Aachen
Wärmeübergang bei pulsierender Strömung

HEFT 615
Prof. Dr. W. Weizel und D. H. Whang, Bonn
Stromverteilung auf der Kathode einer Glimmentladung in Spalten bei hohen Drucken und abseits stehender Anode
in Vorbereitung

HEFT 616
Prof. Dr. W. Weizel und Dr. W. Oblendorf, Bonn
Die Glimmentladung in spaltartigen Entladungsräumen
in Vorbereitung

HEFT 622
Prof. Dr. W. Franz, Münster
Theorie der Elektronenbeweglichkeit in Halbleitern
in Vorbereitung

HEFT 642
Prof. Dr.-Ing. H. Müller und Dr.-Ing. H.-J. Eckhardt, Elektrowärme-Institut, Essen und Langenberg
Die dielektrische Trocknung bei erniedrigtem Luftdruck mit Beiträgen zum physikalischen Verhalten der Mischkörper
in Vorbereitung

HEFT 652
Dr. phil. nat. H. Haase, Hamburg
Infrarot - Bibliographie II
in Vorbereitung

HEFT 653
Prof. Dr. K. Hamann und Dr. W. Funke, Stuttgart
Die Schutzwirkung organischer Inhibitoren in wäßriger Lösung gegenüber Eisen
in Vorbereitung

HEFT 656
Prof. E. Jenckel, Aachen
Das Verkleben von Aluminium mit carboxylsubstituierten Polystyrolen
in Vorbereitung

HEFT 657
Prof. Dr. W. Weizel, Bonn
Glimmentladungen an festen nichtmetallischen Elektroden
in Vorbereitung

HEFT 662
Prof. Dr. phil. H. Lange, Dr. rer. nat. R. Kohlhaas, Köln
Über die Konstruktion von Laboratoriumsmagneten 2. Teil: Technische Ausführung verschiedener Magnettypen
in Vorbereitung

HEFT 683
Prof. Dr.-Ing. R. Jaeckel, Dr. rer. nat. H. H. Kutscher, Bonn
Das Verhalten von Überschallströmungen bei Drucken unter 1 Torr
in Vorbereitung

HEFT 684
Prof. Dr. sc. techn. F. Schultz-Grunow, Dr.-Ing. Hansgeorg Hein, Aachen
Beiträge zur Grenzschichtströmung
in Vorbereitung

HEFT 687
Prof. Dr. E. Kappler, Münster
Elastisches Verhalten metallischer Werkstoffe im Bereich der plastischen Verformung beim Zugversuch und beim Brinell'schen Kugeldruckversuch
in Vorbereitung

Wir liefern Ihnen gern auf Anfrage die Verzeichnisse anderer Sachgebiete.

If you have any concerns about our products,
you can contact us on
ProductSafety@springernature.com

In case Publisher is established outside the EU,
the EU authorized representative is:
**Springer Nature Customer Service Center GmbH
Europaplatz 3, 69115 Heidelberg, Germany**

Printed by Libri Plureos GmbH
in Hamburg, Germany